AQUARIUS

AQUARIUS

AQUARIUS

AQUARIUS

Catcher

一如《麥田捕手》的主角，
我們站在危險的崖邊，
抓住每一個跑向懸崖的孩子。
Catcher，是對孩子的一生守護。

6

新聞中的科學

2011年最新版

聯合報教育版．策劃撰文

chapter 1

夜視鏡下的戰爭　看賓拉登往哪躲

夜視儀器解析

◎程嘉文

2011年5月1日凌晨，美國海軍突擊隊搭乘直升機，襲擊位於巴基斯坦阿伯塔巴德市郊一座豪宅，一舉擊斃頭號通緝恐怖分子賓拉登。

這一戰除了擦亮「海豹」（Seal）特戰小組的招牌之外，也再度展示先進夜視裝備，在現代戰爭中具備的重要性。

微光夜視最常用 原理接近數位相機

目前最常用的夜視鏡是「微光夜視」，將微弱光線放大到足供肉眼辨識的地步。因為自然環境通常總會有一點背景光線，因此通常也稱為「星光夜視鏡」。

微光夜視鏡 放大光源

星光夜視鏡的原理，是以光學鏡頭將由物體反射出來的微弱光線，聚焦成像在光電管前端，能量轉換為電子後，利用光電管放大數千倍到數萬倍，再由光電管尾端的螢光屏，轉換成肉眼可見的明亮影像。

至於現在流行的數位相機，通常在觀景螢幕上呈現的夜間影像，也比實際的景象要亮得多，是否就是星光夜視鏡？中央大學光電科學與工程系教授孫慶成指出，兩者接近，但不盡相同。

數位相機透過感光元件（CCD／CMOS等）感應光子，轉換成數位訊號。感光元件的靈敏度高於肉眼，因此可以「看」到眼睛看不到的微弱光線，然後透過相機「核心」電子系統的增益，將訊號還原成影像，呈現在觀景螢幕上。

過程當中相機的電子系統會計算光亮與色偏的調整，以及消除雜訊。而這方面的影像處理技術，也是考驗各廠牌相機畫質差異的關鍵。

相較之下，星光夜視鏡藉電力直接放大光源，數位相機是電子增益訊號。

夜視鏡放大光量的幅度，也遠大於市面一般數位相機。不過，隨著數位攝影科技日新月異，兩者已開始出現合流之勢。

主動式紅外線畫面清楚 但會暴露行蹤

紅外線（紅外光）是指波長超出可見光範圍的光波，因為肉眼看不到光，因此也可用在夜視領域。

主動式紅外線 少了色彩

主動式紅外線夜視的道理，跟一般燈光照明相同，透過一個發射紅外光的燈具照射目標，反射回來的紅外光，再在夜視鏡內轉化成為圖像。孫慶成指出，這時已經沒有所謂「顏色」的定義，只有紅外光的強弱，因此轉換出來的圖像也是黑白。

主動式紅外線夜視最大的好處是畫面清楚，除了沒有色彩以外，就跟一般燈光照明接近。但缺點是必須發射紅外光，如果敵人也有紅外線夜視設備，在戰場上仍然會洩漏行藏。

因此在軍事用途上，主動式紅外線照明已經不大流行，但對一般民間範疇，例如保全系統的監視攝影機，因為對付的不是高科技敵人，所以「紅外線燈＋紅外線攝影機」的搭配，仍然是常用的組合。

在生活中常見的監視攝影機，如果鏡頭旁邊有一個（或多個）「永遠不發亮」的燈具，就是主動式紅外線攝影機。

目前市面上的產品，已經可以調整成白天利用一般可見光拍攝，入夜後光度不足，就自動啓動紅外線燈光，攝影機同時轉至紅外線模式。

被動式紅外線可追敵機熱源

環境中其實並非有紅外光燈，才會有紅外線存在。所有溫度高於絕對零度的物質，都會放出一定的熱量輻射。如果溫度夠高，就會變成可見光；溫度不到此一臨界的物體，發出的就是不可見的紅外光。因此，如果測量環境中所有物體散發的紅外光輻射，也可以達到分辨的效果。

最早成功應用紅外線來追蹤熱源的武器，是1950年代的響尾蛇飛彈。響尾蛇飛彈的尋標頭，能感測敵機引擎發出的高熱，指揮飛彈朝向熱源飛去。

1958年9月24日，人類歷史上第一場飛彈空戰，在台灣海峽上空展開。美軍將剛服役的響尾蛇飛彈，祕密提供給中華民國空軍。在空戰中國軍共射出六枚響尾蛇，擊落四架共軍戰機。

被動式紅外線 可測發燒

現代的紅外線追熱技術，已進化到可將環境中的熱源差異，轉換成「熱影像」顯示在螢幕上。除了電影之外，一般人生活中最容易看到的熱影像儀，就是裝在出入境關口，測量旅客有無發燒症狀的儀器。

許多熱影像儀的畫面裡，高溫物體往往是呈現黃或紅色，溫度較低的背景則是綠色。台大物理系教授吳俊輝解釋，其實這些都是「假色」，是儀器在顯示時故意設計，使特定光度紅外線呈現特定顏色，以利使用者辨識。

跟著紅外光夜襲 反而被看清

古今中外許多著名突襲案例，都是利用夜間進行。戰場上到了夜晚就一片黑暗，防禦者非常不容易察覺敵人來襲。

不過黑夜不只困擾防守者，對攻擊者也是麻煩。尤其進攻方必須在黑夜中移動，在伸手不見五指的狀況下，光是走路都寸步難行，更不要說依計畫按時抵達位置、發起攻擊。火把、燈光等照明設施，雖

1950年代問世的M41戰車，車頭外側正在發亮的是可見光車燈，內側是紅外線燈。 資料來源／聯合報

1

然解決「行不得也」的困境，但也使自己完全失去偷襲效果。

夜襲好時機 要有點光

所以，大家都知道夜襲具有相當大的效果，但要成功發動夜襲，困難度卻極高。真正能夠發動夜襲的時機，往往不是真正「月黑風高」，而是滿月等稍有光亮的日子。

二次大戰時，人們發明雷達，以無線電波代替眼睛，解決不少「視不見物」的問題。但是雷達只適合用來探索空中或海面目標，對於環境複雜的地表，無法發揮效果。

1944年底，德軍在西歐發動大反攻。由於聯軍完全掌握制空權，德軍白天幾乎無法活動，只能利用夜間。當時德軍曾製造「人造月光」，就是利用大量的探照燈向空照射，藉著雲層反射，讓地面不至於一片漆黑。只是這種方式需要集中極大量的探照燈，更需要天氣狀況（雲層）幫忙，而且攻守雙方都可以對「人造月光」加以利用，效果仍不理想。

戰車紅外光 逐漸棄用

1950年代，主動式紅外線夜視技術開始應用在陸軍裝備上。首先是戰車上除了裝有一般可見光車燈，還有紅外光車燈。戰車駕駛員將潛望鏡換成特殊的紅外線形式，就可以在夜間「開燈行駛」，不必擔心被敵人發現光亮。

這樣只是解決了夜間行駛的問題，但戰車夜間還是無法看到敵人。因此只能在入夜前預先測量好附近地形地物，根據預設的距離與方位數據來開砲。

如此也代表，戰車到了夜間就完全不能移動，否則就是睜眼瞎子。駕駛的紅外光燈光量很弱，範圍只有幾十公尺，僅能用於行車，對於數百公尺外的敵人，完全無能為力。

於是1960年代，美國在M48與M60戰車上，裝上一具大型的紅外光探照燈，有效距離可以達到2000公尺以上，足供乘員在夜間進行搜索與瞄準。許多越戰時期的舊照片上，都可看到這種裝在砲塔前端、砲管上方的探照燈。

不過戰場上所有主動偵測系統都有一個問題，就是發射光波（或聲波、電波）「看到」敵人的同時，也會被敵人看到，而且「洩密範圍」比「有效範圍」還大。隨著紅外線夜視系統愈來愈發達，這種在戰場上打開探照燈「大放光明」，簡直就是自我送死。因此新一代戰車不僅不再裝紅外線探照燈，連駕駛燈也逐漸放棄紅外光燈。

熱影像儀 能看穿霧氣

當然，紅外光燈被淘汰，不是軍方再度走回「日入而息」、放棄夜間作戰，而是找到更好的夜視方式。例如星光夜視儀，就取代了主動式紅外線夜視。不過星光儀呈現的畫面，究竟是將夜間微弱光亮極度放大的結果，還是遠不及白晝畫面清楚。如果敵方採取偽裝、掩蔽，幾乎不可能辨識。

隨著科技的進步，1980年代之後，被動式紅外線熱影像儀，也逐漸成為戰車的標準配備。以我國現役的M60A3或CM11戰車來說，使用美製AN／VSG-2熱影像儀，最大有效範圍可達4000公尺。甚至在白晝有霧情況下，也能夠協助「看穿」。

夜視鏡罩門　小心強光逆襲

夜視儀器愈來愈進步，一方面是靈敏度不斷增強，另一方面就是體積與價格的縮小。因此原本只能安裝在車輛上的夜視系統，也逐漸個人化，成為可以戴在士兵頭上的夜視鏡。除了步兵之外，經常得要貼地飛行的直升機飛行員，也大量使用夜視鏡。

一般來說，軍警使用的夜視鏡，仍然以星光夜視鏡最多。因為以單兵裝備來說，星光鏡仍然具有便宜、輕便、畫面清楚等優點。

不過夜視鏡一旦遭遇強光（例如突然開燈），使用者可能因為產生的超強光線而視力受損，光電管也可能會負荷過大而燒毀。

雖然新式夜視鏡都有保護設計，一旦光量超過就立刻切斷，不過瞬間仍可能因光量劇變，讓使用者瞳孔來不及適應，一時看不清楚東西。因此在遭突擊前切斷對方電源，使其在一片黑暗下措手不及，無法有效反應，也是常見的戰術。

女性公敵

紅外線光搞鬼 攝影機可透視

前幾年曾經出現新聞，某些標榜有夜視功能的數位攝影機，裝上特殊濾鏡之後，就具有透視效果。一時引發許多女性擔心，自己明明衣著整齊，還是可能春光外洩。

台大物理系教授吳俊輝解釋，不同材質對不同波長的光源，其「透明度」並不相同。某些尼龍材質不容易穿透可見光，但卻較容易被紅外光穿透。因此如果攝影機的夜視模式是配有紅外線燈，就可能有穿透單薄衣物的效果。

吳俊輝也說，不管是傳統的銀鹽膠捲，或是數位相機（攝影機）的CCD／CMOS，感光元件可以「看」到的光波範圍，通常都比肉眼要高。因此，波長太長的紅外光，與太短的紫外光，其實也會讓「底片」感光，導致最後呈現的色彩或曝光量，與肉眼所見不同。

所以，廠商通常會裝置濾鏡，濾掉某個波段的不可見光。由於紫外線波長短、頻率高，代表能量較大，更容易干擾感光，因此濾除紫外線比紅外線更重要。最常見的就是裝在單眼相機鏡頭前方的UV鏡片，用來消除紫外線。

同樣道理，當可見光與紅外光同時存在時，前者經常會「蓋掉」後者。因此所謂透視攝影，就是一方面提供紅外線光源，同時又在攝影鏡頭上裝置特殊濾鏡，濾除可見光而保留紅外光。

如此一來，「不透視」的可見光影像減弱，紅外光的透視影像就會比較清楚。所以，如熱影像儀的鏡頭，因為必須濾除所有可見光，以肉眼看去根本不透明。

1

必學單字大閱兵

night vision　夜視
infrared ray（常縮寫為IR）紅外線
goggle　眼鏡、護目鏡
lens　透鏡、鏡片
thermo　與熱相關的

chapter 2

抗輻射能力 血液最弱 神經最強

輻射解析

◎劉惠敏、張嘉芳

日本東北地區地震海嘯，造成福島核電廠爆炸，引發震驚全球的輻射危機。為防範爐心熔毀，東京電力公司核電廠員工抱著誓死決心，進入核電廠搶救，有人並因此出現立即性傷害，各國不管距離多遠全都憂心忡忡，但對於輻射汙染，到底應該如何看待？

非游離輻射 vs. 游離輻射

「輻射是物質將粒子或能量釋放出的一種方式」，台大化學工程學系教授施信民說，輻射分為非游離輻射及游離輻射。若簡單區分，非游離輻射歸環保單位管轄，游離輻射由原子能委員會負責。核災過後，民眾擔憂的輻射汙染，其實是游離輻射。

游離輻射是從原子核釋放出粒子和能量，1895年德國物理學家侖琴（Röntgen）率先發現，稱為X射線。其後法國科學家貝克勒爾（Becquerel）發現鈾放射線；1898年居禮（Curie）夫婦首次自瀝青鈾礦提煉出釙（Po），後來又分離出鐳（Ra）。

游離輻射的應用極廣，包括農產品保鮮，醫療使用的X光、電腦斷層掃描（CT）、心導管檢查、放射線治療等。

另外，毀壞力強大的原子彈及核能發電也是這類應用。

非游離輻射「不牽扯原子的變化」，有溫度即可產生，並以波為方式傳遞，如太陽光、燈光或無線電波等，連電暖爐也會產生輻射。基地台、高壓電線所產生的電磁波，或廣播頻率等無線電波，也是低輻射能量。

基隆長庚醫院核醫科主任林昆儒表示，游離輻射對人體的傷害，可以是生物與輻射接觸後產生自由基，間接破壞細胞的遺傳物質；或輻射直接擊中遺傳物質，造成直接傷害。

輻射沒有安全劑量

多少游離輻射量，會造成生物效應、影響生理結構？針對日本核爆生存者的長期研究發現，在低劑量（約250毫西弗）的輻射暴露下，並未觀察到異常臨床症狀。

但為維護大眾安全，國際放射防護委員會（ICRP）保守假設，人體接受到輻射不論劑量多少，都可能造成遺傳物質損害、引發癌症或增加不良遺傳機率，所以並沒有所謂「低限劑量值」。

三軍總醫院核子醫學部暨正子斷層造影中心主任諶鴻遠指出，輻射傷害可分為「決定效應（一定發生）」與「機率性效應（未來不見得每個人都會發生）」。

福島核電廠的第一線員工，屬於短時間、大劑量暴露，除爆炸的瞬間壓力釋放，導致骨頭斷裂，肺、耳膜及腸子等中空器官受傷外，還可能因輻射造成血液、腸胃與神經血管損傷。

台大醫院核子醫學部主任曾凱元解釋，血液對輻射的抵抗力最弱，消化器官則次之，神經血管抵抗力最強。一旦神經受損，代表情況嚴重，可能出現休克、昏迷、呆滯、抽筋、失去平衡、血壓下降等症狀，恐引發致命危機。若輻射傷及腸胃道，消化道功能無法運作，將出現吃不下、腹瀉、噁心、嘔吐等情形。

台北榮總核子醫學部主任王世楨指出，如果輻射傷及甲狀腺與骨髓，將增加罹癌風險，使造血功能受損，白血球、紅血球、血小板數下降，引發感染及組織出血。此時，除服用碘片，讓身體碘吸收飽和，使放射性碘排出體外，同時亦可做骨髓移植治療。

面對輻射危機，「找屏蔽、疏散遠離、不接觸，是預防輻射傷害的方法。」曾凱元說，每種放射性核種有不同的半衰期，目前除加強

香港食品安全中心加強對日本進口食品的檢測。每天均要抽取大量奶類、蔬菜、水果、肉類和水產品進行輻射測試。

輻射監測，建議應盡量避免食用輻射汙染食物。

科學知識家
遺傳物質遭輻害，恐難修補

日本福島核電廠工人，雙腳浸泡在含輻射物質的水裡，因此造成灼傷。基隆長庚醫院核醫科主任林昆儒說，計量輻射物質造成的表皮細胞傷害，稱之為「皮膚劑量」。

過去透視X光設備不佳，控制劑量錯誤時，有病患在透視位置處的表面皮膚，出現紅腫、潰瘍、疼痛，即放射線灼傷。

造成紅腫現象的皮膚劑量為2西弗，在除汙後，與燒灼傷的處置相似，以福島核電廠工人為例，如果灼傷極度嚴重，恐得先截肢處理。

輻射汙染　媒介涵蓋空氣與水

台大化工系教授施信民說，輻射經由空氣或水體皆可能造成皮膚的傷害，若輻射藉由呼吸、飲水或食物進入人體，可能造成器官的傷害。傷害的程度，與阻隔射線的程度有關。放射線α、β、γ穿透力不同，α射線可被紙張阻隔，β射線不會穿透鋁片，γ射線則是要以較厚的鉛等物質才可阻隔。

輻射引發細胞病變，較敏感的呼吸系統、生殖系統皆可能產生影響，尤其是孕婦恐致流產、畸胎。另外根據車諾比核災經驗，甲狀腺、肝、腸、胃、腦也易受傷害，當年兒童首見甲狀腺癌，或因造血系統損傷的血癌，成人則有肺部等器官發生病變。特別是輻射塵愈微

認識
碘131

- 碘131在大氣中及環境中會很快分解(碘131的半衰期為八天)
- 碘131的劑量只有在核子意外事故的最初幾天較高
- 碘131的主要曝露途徑為飲用新鮮牛奶
- 民眾因食用遭碘-131污染之水果及葉菜所受劑量，遠低於飲用遭碘131污染之新鮮牛奶
- 碘131落塵只會附著在水果及葉菜的表面，民眾食用前通常只需先用水清洗或將水果削皮即可
- 罹患甲狀腺癌的風險與曝露劑量成正比，但在曾遭碘-131曝露之群衆中，很少有人會在日後得到甲狀腺癌

資料來源／美國國家癌症研究所　■聯合報

細，恐停留在肺部的時間較長，但輻射物質也可隨排泄系統排出，殘留狀況不一。一旦輻射劑量過高，嚴重損害細胞及DNA（去氧核糖核酸）等遺傳物質，遠超過人體修補機制，恐致病變。

施信民說，核分裂的核種多樣，碘131因量多而受關注，因為人體需碘，放射碘恐累積在人體甲狀腺內，因此在高劑量輻射暴露環境中，建議吃碘片，讓穩定碘排擠放射性碘預防傷害。

放射物質殺傷力大　1克可傷害兩億人類

令人更害怕的放射物質鈽，其同位素有5種，最多的為鈽239，半衰期長約兩萬四千一百年。美軍在二戰期間，摧毀日本長崎市區的原子彈，就是鈽彈，根據日本原子力情報室的估算，1克的鈽是兩億人一年可容許的攝取限制值，顯見其毒性。

林昆儒說，輻射致癌的劑量沒有精準的數據，暴露高劑量輻射直接相關的是造血系統、骨髓，細胞高度複製的器官組織，如皮膚、黏膜，因此較高機率罹患血癌、淋巴球病變、皮膚癌、腸癌等。肌肉、骨骼、中樞神經較易抵抗輻射傷害。

飲食也可能造成輻射傷害，碘、銫較易活躍進入食物鏈，不過相較現場所造成的汙染，經由空氣、洋流擴散的輻射極微量，在這個流

程中，每個人會接觸到的輻射量極低，不易造成傷害。

以日本福島發現牛奶中的碘131為例，每公斤含量為1510貝克，即便不計入碘衰變的情形，每天喝輻射汙染的牛奶，一年所攝入的劑量低於10毫西弗，亦即低於可容許的20毫西弗限制值。

三大核災 肇因各不同

史上最嚴重核災，俄輻汙飄到北美

日本福島核電廠爆炸意外，令人不禁聯想蘇聯車諾比核電廠爆炸及美國三哩島事件。

三起意外雖造成輻射外洩，但進一步分析核電廠爆炸原因，其實並不相同。

車諾比核災 石墨燃燒引起

1986年4月26日凌晨，前蘇聯車諾比核電廠四號機組，因為管理及技術人員私下進行安全系統實驗，一連串操作疏失，造成反應器發生水蒸氣及氫氣爆炸，引起反應器內石墨燃燒，造成大量放射性物質外洩。

這起事件是核能發電史上最嚴重的事故，輻射塵汙染後來擴及白俄羅斯及俄羅斯，甚至威脅北歐、英國、北美東部。

三哩島：1979年3月28日凌晨，美國賓州三哩島核電廠二號機發

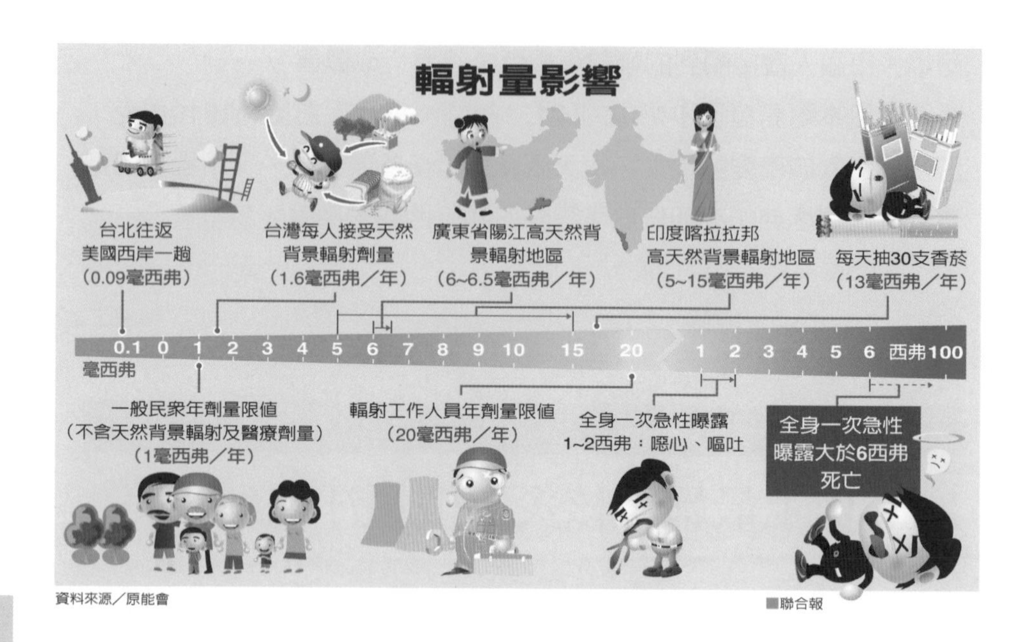

資料來源／原能會
■聯合報

生跳機，值班檢修人員疏失，未依規定打開閥門，冷卻水無法進入爐內，導致反應器爐心過熱熔毀，造成放射性濃度上升。美國緊急撤離5英里內的兒童與孕婦，白宮更成立特別行動小組。幸好反應器逐漸冷卻，加上圍阻體有效防止放射性物質大量外釋，成功遏止事故惡化。

清華大學工程與系統科學系教授李敏表示，車諾比與三哩島事故屬於人為事故，兩者最大不同在於，車諾比的反應器型式特殊，反應器在瞬間解體；爆炸造成爐心大量放射性物質拋向大氣。

此外，車諾比反應爐使用碳同位素「石墨」，用來中和及維持反應爐運作，卻因失控導致石墨起火燃燒，5000度高溫汽化，將各類放射線物質釋出。

三哩島核電廠使用輕水式反應器，緩和劑為普通水，其與石墨特性截然不同，對於核分裂連鎖反應可自我抑制，反應器不易失控、瞬間解體。但輕水式反應器若無法移除衰變熱，一旦溫度持續上升，仍有熔毀危機。

日本福島核電廠事件為天然災害，造成系統受損，輕水式反應器的衰變熱無法移除，造成氫氣爆炸，部分圍阻體崩壞，放射性物質外洩，其嚴重度較三哩島嚴峻。

必學單字大閱兵

radiation 輻射
ionizing radiation 游離輻射
nuclear power plant 核能電廠
thyroid 甲狀腺
electron 電子

chapter 3

台灣百年開發　潟湖陸化、海岸後退

地理變化解析

◎陳幸萱

五、六十年前，台灣有不少河流比現在寬，因為築河堤而使河道變窄了。過去百年來，西部沿海的潟湖，也紛紛從水域變成魚塭或陸地。滄海桑田，如果以百年尺度來看，台灣的地形地貌究竟有什麼樣的變遷？

國立台灣師範大學地理學系教授沈淑敏表示，過去一百年台灣比較明顯的地形變化是西部潟湖陸地化、西部河流的河道改變，以及東部岩岸的部分海崖受到侵蝕而後退。

沈淑敏舉例，過去台江內海的潟湖面積很大，但人們填海造陸、加上曾文溪提供的沉積物，在人為和自然的共同作用下，潟湖逐漸淤塞，慢慢陸化，變成魚塭或陸地，讓人類可以在上面開發、利用。

她說，台江內海如今變成台南的七股潟湖，過去還有「倒風內海」曾包含北門、下營、麻豆、學甲、鹽水一帶，屏東的大鵬灣也曾是內海，這些都是相對低窪的地區。

人為修築，改變海岸線

「人改變了海岸線的形狀。」沈淑敏表示，除了潟湖陸化外，近幾十年來，在海濱修築垂直海岸的結構物的結果，也改變了沿岸海流及海浪的波場，使沿海的沙被攔在結構物的上游，造成海岸沉積物被重新分配，濱線形狀跟著產生變化。

而東部的海崖，則有受到海浪侵蝕而後退的現象。

沈淑敏表示，台灣東部有些地方海灘很窄，颱風來時，海浪會直接打到海灘內的崖壁；如果岩石較軟弱，海崖就會受到侵蝕而後退。她解釋，岩石海岸一旦被侵蝕，就「一去不復返了」；但如果岩石比較堅硬，後退速度就會比較慢，除了公路通過的地方，一般人不一定有感覺。

3

人類佔地，老天早晚要回

另外，她還指出，在自然狀況下，大洪水時河流本來就會氾濫或改道，但人們為了利用河流周邊土地，陸續修築堤防、固定河道，「限制」河流的行水範圍。

近幾年來，強度較強的颱風、大豪雨挾帶大量雨水，把大量的土石帶到河裡，河流於是沖破堤防，淹沒兩岸的土地，再度「還地於河」。沈淑敏說，百年以來，台灣的地形作用本身並沒有太大變化，但隨著人類技術進步，逐漸開始運用地形變動高、且容易因地形變動而產生災難的「邊際土地」，等到夠大的颱風或豪雨來襲，人們感受到的災害也就增加了。

她舉楠梓仙溪為例；楠梓仙溪在2009年的莫拉克風災氾濫，溢淹至河道旁已開發的氾濫平原。但從1948年的航空照片來看，河流

好山好水的南投，在九二一震災後青山黃頭、綠水混濁，地形地貌一夕易容。 資料來源／聯合報

的河道寬度遠比八八風災前寬；風災時氾濫的河流，其實都「沒有亂淹」，並不超過半世紀前的河道範圍。

台灣回復「不穩定」時代

國立中正大學地球與環境科學系助理教授謝孟龍也指出，從台灣河流的侵蝕和堆積來看，本世紀前半、甚至更早以前，河流中挾帶的砂石等沉積物是比較多的；但是近五十年來，河流沉積物變少，台灣可以說度過了一段地形相對「穩定」的時期。

他表示，在環境相對穩定的這幾十年，讓人們開始開發看來「安全」的土地；但九二一地震之後，台灣可能又漸漸回復到那個「不穩定」的時代。

沈淑敏說，台灣人積極開發，人對土地的影響愈來愈大；態度也從過去的「敬天、畏天」到用科技去大量開發邊際土地。

但當較大的自然事件發生，就必須承擔土地損失的風險。也許未來，應該透過更多的溝通，讓人們瞭解台灣的環境和氣候變化，重新思考如何與自然共存、做出更合理的土地利用。

古地圖＋Google

地理資訊系統　重現城市歷史脈絡

1898年時，日本殖民政府第一次在台灣運用現代測繪技術，對全台平地做了全面性測繪工作，並出版第一套符合比例的精確地圖「台灣堡圖」。之後日人每隔幾年就測繪一套台灣地圖，這些圖上保留台灣19世紀末到20世紀中期的地理環境基本樣貌，並記錄了過去許多人文地理的訊息，是台灣人了解自身歷史的重要資料。

宜蘭縣壯圍鄉河口附近沙灘建突堤，雖然有效防止海岸被侵蝕內移，但被質疑改變地形地貌，卻破壞鰻魚苗棲地。　資料來源／聯合報

隸屬中央研究院人文社會科學研究中心的地理資訊科學研究專題中心，十年來

收集、整理了台灣過去由「公部門」繪製的地圖，經過地理資訊系統GIS（Geographic Information System）技術處理，和現在的Google地圖疊合，並整合地圖圖標、地名、人口普查等資料；透過網路，你就可以看到自己的住處百年前是沼澤、河道或墓地，也可以找到過去各族群的人口分布。

中研院GIS中心的廖泫銘研究助技師說，從一百多年來的不同地圖相互比對中，可以看到許多有趣的故事，會明白「都市發展的脈絡」，也可以瞭解台灣聚落的發展、甚至土地的特性。

3

鮮知先贏
靈魂之窗 生命線索

【郭錦萍／輯譯】

看到人偶時，不管它做得多像真人，你都很快就能判斷它是人偶，但有沒有想過，你的判斷是從何而來？

根據2011年初《心理科學》（Psychological Science）刊出的研究，科學家發現，一個面容會讓人覺得有生命的關鍵線索，是眼睛透露的。

發表這篇研究的美國達頓茅斯學院的學者指出，人們常說會在很多東西上看到人臉，例如月亮、烤好的吐司、兩點加上一條代表鼻子線，但大家也很清楚那些都不是真臉，但判斷的根據，多數人說不清楚。

他舉例，舊地圖中，高雄縣甲仙鄉的小林村有部分建物、農田就是位在氾濫平原上；而從前的高屏溪河道非常寬廣，密密麻麻的水道像「血管」一樣遍布屏東平原，高屏溪左岸更是鮮少住人的氾濫平原。曾文溪口因為自然沖積作用、工業化填海造陸不斷地往外推，使台灣西部海岸線劇烈變化，這些都是近百年發生的事。

古今地圖 可看出文化變異

從1921年的地圖來看，高雄港北邊的聚落並不發達、少人居住；

3

為找出人們判斷的依據，研究人員在新罕布夏多家玩偶店進行實驗，他們拿用人臉和玩偶臉合成的照片給逛街的民眾看，請他們判斷哪些部分是真人、哪些部分是偶人。

結果發現，真人的部分佔超過三分之二時，受訪者就會認為那張臉是屬於人類的；另一個發現是，若合成照是放了真人的眼睛，受訪者就會認為那是真的人臉。

學者說，從研究結論也可發現，臉部的表情和人類的社會活動的關係，遠比我們認為的還要緊密且重要。

研究人員也指出，之前影視界吹起虛擬風，並因此推出了多部完全用電腦完成的電影，但結果都不成功，問題就可能出在，就算電腦再厲害，還是無法完全模擬真人的眼神，所以這類電腦的主角看起來就是「很假」。

資料來源／每日科學

鹿港巷道中的斑駁石壁。　資料來源／聯合報

之後的二十年，該區域迅速發展，多條臨港鐵路興建，將貨物從港口轉往西部縱貫線，運輸到全島各地。

而台北市的中山北路，則是過去為了通往明治神宮（現在圓山飯店所在地）參拜的大道。

台北萬華或是彰化鹿港等地區有很多歪曲的街道，廖泫銘解釋，這些比較早發展的區域，聚落隨著產業發展形成；同時因為清代的社會背景動盪，常有械鬥，舊的老街一定都是曲折的，這是為方便防禦。

再如宜蘭市外圍道路呈圓環狀，則是因為過去古城牆拆除後，直接開闢成道路。台中僑光商專附近也有圓形的路，則是因為水湳機場過去的軍事設施有環形圍牆，拆除後築成。

廖泫銘說，日治時代較早期製作的地圖還用片假名拼出地名的讀音，透過「聽音辨義」就可了解這個地名原本的意思，可以藉此得知過去居住的是客家、閩南或原住民族群。

他表示，台灣處於造山運動帶，是個自然環境變動很大的地方；加上人文發展的因素，變化腳步更是飛快，百年來地理環境變化劇烈。

「但透過地圖，我們仍然可以尋根。」他說，地圖資料數位化最大的意義就是「把門打開」，將這些原本收藏在政府機關或檔案館內的地圖得以對外開放，讓一般民眾可以追尋鄉土歷史。他們同時也持續整理了過去的航空照片，協助分辨土地正確位置，保障民眾的權益。

必學單字大閱兵

GIS（Geographic Information System）地理資訊系統
sea cliff 海（蝕）崖
lagoon 潟湖
marginal land 邊際土地

chapter 4

熱島效應　台北近年特別熱

全球氣候解析

◎李承宇

全球熱浪發威，台北也不能倖免，2010年的7月、8月，台北出現攝氏38度以上的高溫。近年台北的夏天是不是特別熱？氣象專家彭啓明根據統計數據，給了一個肯定的答案。

從2000年到2009年，台北高溫超過35度的天數是372天，1990年到1999年，天數只有248天，若以每十年做區隔，從1950年開始，每十年氣溫超過35度的天數也多半只有兩百多天。

台北溫度上升　比台灣各地更高

彭啓明說，以35度為標準，是因為高溫超過35度在許多地方就已經達到「熱浪」等級。他也比較了全球溫度上升與台北溫度上升的趨勢，發現全球平均溫度十年來上升了0.7度，但同一時間，台北市的平均溫度卻增加了2.1度。台北高溫超過35度的天數，近十年為什麼「激增」，彭啓明提出了幾個假設。

第一個可能原因是台北市的空氣變好了。彭啓明說，由於空氣乾淨，空氣中的懸浮微粒減少，沒有懸浮微粒可以稍微阻擋陽光，導致陽光可以長驅直入穿透進來，而使溫度升高。

熱島效應 vs. 全球暖化

第二個可能的原因是熱島效應。熱島效應是指從早上到日落以後，城市的溫度比郊區高很多。城市的溫度之所以高，多半是由於高樓大廈和柏油路蓄積熱度，加上使用冷氣排出的熱氣推波助瀾。

中研院環境變遷中心研究員周佳表示，造成台北近年高溫天數特別多的原因，全球暖化與熱島效應都有可能。

但他強調，熱島效應是比較城市與郊區，城市初期發展的氣象觀測資料可能不如現代精確，沒有準確的比較基礎，分析的資料可能會有誤差。

周佳指出，根據研究，熱島效應的確會讓城市的溫度比附近的郊區高2到3度，熱島效應在黃昏之後的晚上7、8點最明顯，因為城市接受了太陽輻射的熱，在柏油路、高樓大廈中不易散逸，溫度到晚上依然很高，然而郊區的散熱比較好，黃昏之後溫度降得快，所以會造成城市與郊區明顯的溫度差異。

彭啓明則希望更進一步分析台北的林地與建築物增減的比率，來

近年夏天，北半球的天氣稱得上水深火熱，2010年，南亞的巴基斯坦因大雨下個沒完，全國大半土地都泡在水裡，數十萬民眾被迫流離失所。

看台北高溫天數增加，是否與綠地減少、建築物增加有關。

反聖嬰年　一有颱風就很近

2010年夏天全球的高溫，可能只輸1998年。不少氣候專家都把2010年的異常氣候與1998那一年比較，這兩年都有一個共通點，就是都處於強聖嬰年後的反聖嬰年。

中研院環境變遷研究中心研究員周佳說，1997到1998年是20世紀至今最強的聖嬰年。聖嬰現象是指近赤道東太平洋海溫異常增高，熱帶東太平洋區降雨會增加，容易發生水災；而熱帶西太平洋的印尼、菲律賓、澳洲北部等地則容易發生乾旱。

聖嬰週期　至今無定論

2009年開始到2010年的反聖嬰現象則是2000年以來最強的，有學者預測2010年的反聖嬰現象強度在中度以上。周佳表示，有科學家提出假設，聖嬰現象的強弱以十五年為一個週期，但由於聖嬰現象沒有長期觀測的資料可參考，所以這個假設是否正確還沒有定論。

根據統計，反聖嬰年西北太平洋生成颱風的數量會比較少、時間會比較晚。

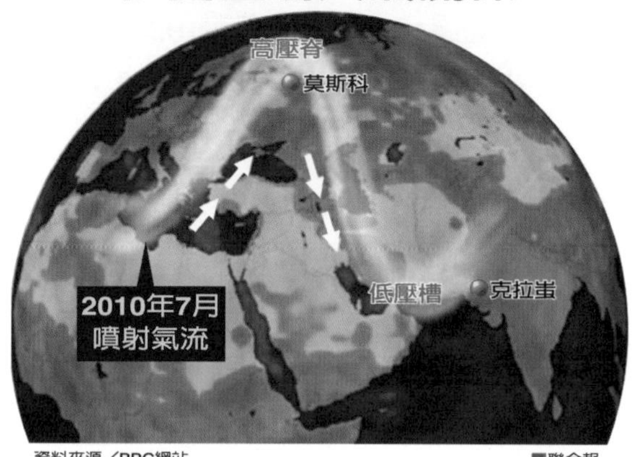

周佳說，2010年夏天太平洋高壓勢力強，向西延伸得很明顯，當太平洋高壓籠罩，颱風自然難以形成，而太平洋高壓勢力強是聖嬰年之後會發生的現象。

氣象專家彭啓明表示，颱風生成需要有利的熱力與動力條件，2010年台灣附近的熱力夠，也有水氣，但生成颱風的季風槽因反聖嬰現象而減弱，導致形成颱風的動力條件不足。

但周佳強調，從聖嬰年轉為反聖嬰年，颱風只要一形成就會很靠近台灣，是因為在反聖嬰年的東太平洋近赤道海溫較低、西太平洋海溫較高，有利颱風生成，所以會把颱風形成的位置向西推到近台灣處。

極端天氣，噴射氣流搞鬼？

2010年夏天的北半球，用「水深火熱」來形容一點都不為過。史上最強熱浪肆虐俄羅斯，首都莫斯科7月底氣溫高達攝氏38.2度，創有氣象紀錄一百五十年來最高溫紀錄，熱浪除了引發森林大火，讓至少1000萬公頃林地遭殃，也讓莫斯科空氣品質嚴重不良，而且有近四分之一的小麥等穀物生產受影響。有環境學家估計，光是俄羅斯的森林大火就造成至少3000億美元的損失。

耶誕老人的故鄉芬蘭，在一般人印象中大多是冰天雪地景象，但2010年夏天的溫度也飆上35度，創1934年以來新高。美國國家氣候資料中心報告顯示，2010年7月全球均溫16.5度，僅次於1998年7月。

巴基斯坦的西北部則是豪雨不斷，雨量創數十年來的紀錄，大水沖毀屋舍與橋梁，至少3000人罹難，100萬人受災。這些極端異常的天氣現象成因，有學者直指高層大氣中的噴射氣流。

噴射氣流　南北氣溫差造成

噴射氣流位於對流層和平流層間，地球上主要有兩股噴射氣流：

極地噴射氣流和副熱帶噴射氣流。極地噴射氣流在海平面上7到12公里的高空，副熱帶噴射氣流約在海平面上10到16公里處。由於少了地表摩擦力影響，噴射氣流的風速很快，往往都在時速90公里以上。

噴射氣流是由於南方暖空氣與北方冷空氣不同的溫度梯度差所造成。

周佳解釋，溫度差距愈大，氣壓差距也愈大，噴射氣流的風速也會更強。而北半球的噴射氣流在夏季時會偏北，冬天時會偏南。

周佳說，最能感受到噴射氣流的日常生活例子是搭飛機。他說，從台灣飛到美西，冬天順著噴射氣流的西風飛，大約十一小時可到達；但是從美西逆著西風飛回台灣，則要約十四個小時。

天氣風險公司總經理彭啓明指出，噴射氣流不是直線向西行，而是會向南北彎曲，向北彎後再下來的稱為「脊」，向南彎再上來的稱為「槽」。「脊」的地方易形成一股「阻塞高壓」，也就是一股停滯不動的高壓，而「槽」的部分則容易形成低壓區。低壓區大氣對流旺盛，容易降雨，而高壓帶的氣流沉降，大氣穩定晴空無雲。

英國氣候專家Brian Hoskins研究發現，2010年中西歐上空有噴射氣流的低壓槽，而俄羅斯一帶則是高壓脊，接著南下巴基斯坦又形成低壓脊，所以中西歐、巴基斯坦因低壓降雨而造成水患，俄羅斯則因高壓盤踞而氣溫飆高。彭啓明說，2003年的法國熱浪也是受噴射氣流影響，當時高壓在法國，而低壓區在北非。

他也表示，2010年大陸連續暴雨也與噴射氣流有關。一般狀況，噴射氣流會在亞洲季風區的北方，但2010年噴射氣流向南彎曲的幅度大，深入巴基斯坦、印度洋一帶，與亞洲季風形成交互作用，影響東亞的西南氣流，把更多的水氣帶進了亞洲內陸。

至於俄羅斯森林大火與全球暖化是否有關聯？周佳表示目前並沒

有直接證據。

不過美國曾經研究過，為何幾十年來西部的森林大火頻率增加；其中一種假設是，由於全球暖化造成溫度增加，北方的水源多半來自融雪。當溫度升高，山上的雪水在春末夏初就很快融完流失，導致後來夏天水源不足，土壤中缺乏水分，相對較乾燥，可能也是引起森林大火的原因。

4

鮮知先贏
其實，大象怕的是螞蟻

【郭錦萍／輯譯】

卡通影片裡的大象都很怕老鼠，許多人以為真的是這樣，不過科學家說，大象更怕螞蟻。

美國佛羅里達大學和懷俄明大學的學者發現，在非洲的稀樹草原上，金合歡樹的葉子本是大象最愛的美食，但有些金合歡，大象卻會避開，後來發現是螞蟻在當中扮演關鍵防衛角色。

金合歡樹常會長刺，學者發現其中一種Acacia drepanolobium雖然也會帶刺，但它們長5公分的刺，長得像乒乓球的中空洞穴，螞蟻就住在洞裡面，並且吸食植物葉片分泌的蜜汁。

研究人員為了解螞蟻和金合歡樹關係，他們做了幾個有趣的實驗。

先是找了肯亞復育中心的孤兒象，及兩種金合歡樹做實驗，結果發現，大象會選沒有螞蟻的樹吃葉子；當本來不長螞蟻的樹也爬滿螞蟻，大象就會敬而遠之。

接著研究人員再找了好幾棵住滿螞蟻的金合歡樹，先用煙燻把螞蟻趕走，再讓每棵樹有不同數量的螞蟻住回去。

一年後，他們發現螞蟻數最少的樹被大象啃得最多。研究小組也發現，在A. drepanolobium不能生長的沙質地，大象常常是樹木的破壞者，可是在這種金合歡能生長的黏質地，因為有螞蟻在，無論有無大象在附近活動，當地的植被大致都能保持。這篇研究刊登在2010年年中的《當代生物學》。

有學者評論認為，過去的研究多半是探討螞蟻可以保護樹木，但這項研究顯示，螞蟻不但扮演了樹木傭兵的角色，它們這種微妙、不起眼的關係，甚至成了草原生態平衡的重要因素。

資料來源 / ScienceDaily

必學單字大閱兵

jet stream 噴射氣流
troposphere 對流層
stratosphere 平流層
trough 槽
ridge 脊
urban heat island 都市熱島

chapter 5

不是變不見 隱形戰機只是看不見

隱形科學解析

◎蔡永彬

2011年1月，中國空軍的隱形戰鬥機「殲-20」試飛成功，引發外界諸多討論。成功大學航空太空工程學系特聘教授蕭飛賓解釋，所謂「隱形戰機」並非「透明戰機」，而是靠著許多方式逃過雷達追捕，讓敵人在雷達中難以發現，藉以縮短敵方反應時間，達成攻擊任務。

蕭飛賓指出，一般的戰機可以透過三種方法「隱形」：一是外型設計、二是材料結構或塗漆、三是改變引擎進出氣口的位置。

如何隱形　三方向下手

在外型上，戰機邊緣要避免太鈍或太尖銳的角度，也不要有太多孔、縫，以免反射雷達波。

結構或塗漆採用容易吸收雷達波的材料，其中又以塗漆最重要；一般飛機引擎的進氣道在機腹、排氣孔在機尾，隱形戰機會改設在飛機背上、偏後面的地方，排氣孔也會盡量降溫。

如何偵敵　利用紅外線

蕭飛賓表示，地面雷達或己方在空中的戰機都可以偵測敵機。偵測雷達放出紅外線或電磁波，根據碰到的物體溫度或接收到的反射波段，拼湊出「雷達上的截面積」（Radar Cross-section Area, RCA）。如果判定偵測物是飛機，再從機型、速度或機上配備的「敵我識別系統」判斷「來者何人」，或是否不懷好意。

蕭飛賓認為戰機要完全「隱形」不太容易，「殲-20」也還沒真正通過驗證。他說，一般戰鬥機可能會飛得特別低，低於地面雷達的搜索範圍；也可能飛高一點，不過依現在的雷達技術，飛高比較不管用。另外，飛機所經過的環境、天候也會影響雷達偵測，如叢林、山坡、峭壁或陰雨濛濛都會干擾雷達。

三角定位　還是抓得出

但是也有學者認為，以目前的隱形技術，三個雷達一起做三角定位，還是能把飛機抓出來。目前中國有人在做隱形技術的「反向研究」，雖然路上跑的只是一輛小車子，但是在雷達中看起來像一台大坦克，可以嚇阻敵人。

放熱焰彈　可擺脫追蹤

萬一飛機被鎖定，甚至已經被飛彈「追殺」，蕭飛賓說常用的方

F-22隱形戰機。

5

式是從機腹施放「熱焰彈」（船艦則是撒出金屬粉），機身上下甩脫，誤導追熱飛彈讓它「迷蹤」。不過在實際的空戰場域，飛機、飛彈的性能和飛行員的技術、經驗都是飛機能不能甩掉敵人的重要因素。

小說，情節變真

隱形斗篷　讓光走拋物線

《哈利波特》中「隱形斗篷」的妙用引人入勝，近年也是材料科學和奈米工程的熱門主題。國家實驗研究院儀器科技研究中心主任蔡定平和英國南安普敦大學光電超穎材料研究中心主任Nikolay Zheludev合作，2010年11月在《科學》（Science）期刊發表「環型線圈式超穎材料」研究，有機會把小說變成真實。

蔡定平解釋，眼睛能接收物體發出或反射的光線，所以「看見」；雷達等感應器材能偵測到物體存在，也是因為它接收、分析物體散發、反射的能量或波動。反過來說，「隱形」的概念是讓眼睛（或感應器）感覺不到物體的存在。例如太陽照耀，空氣中的灰塵「現形」；太陽下山，月亮、星星才會露臉。

修正電磁波　讓光轉彎

隱形最初概念是「有沒有一個方法可以讓光走拋物線？」2006年英國理論物理學家John Pendry和美國杜克大學教授David Smith 、助理教授David Schurig首先試圖讓電磁波繞過物體；2008年Pendry和香港城市大學助理教授李贊恒進一步提出「重整電磁波」的概念。

蔡定平指出，假設隱形斗篷能讓光成功地從旁邊繞過去，但披著斗篷「外面看不到，（斗篷內）也看不到外面」。

最近許多研究團隊使用另一種超穎材料（metamaterial），把它放在要遮蔽的物體旁邊，像護身符、隱形草一樣，「吃掉」迎面而來的電磁波、「修正」物體阻隔、再「吐出」重整過後的電磁波。另一端感應器察覺到的就是波源周邊的環境，不會發現中間的干擾或阻隔。

「超穎材料透鏡」讓DNA複製過程現形

「超穎材料的光學性質不在它的材料本身，而是它的人工結

5

構。」蔡定平說，他們把材料做成甜甜圈形狀，安排成方陣；感應的電磁波在每個「甜甜圈」裡面不斷繞行、無始無終，同時也有效補償物體遮蔽造成的影響。「全都為了製造幻覺」，不過「有時真可以騙人」！

美國加州大學柏克萊分校機械工程學系講座教授張翔提到，隱形是「控制光線」的技術，使用的超穎材料折射率是負的；利用這種技術可讓目前的顯微鏡突破極限，「從看不到變成看到」。例如以此製成的「超透鏡」甚至能親眼目睹DNA的分裂和複製。

現實，這樣保密

隱形墨水　氧化還原運用

寫字就是為了傳達訊息，但電影、小說中的密探傳遞情報時，保密的方法之一是採用「隱形墨水」。台灣大學科學教育發展中心主任陳竹亭指出，概括說來，隱形墨水就是控制物質在不同的條件下，藉著形態變化顯出顏色，進而讓訊息隱藏或顯露。

陳竹亭舉例，化學指示劑在不同的pH值、氧化還原環境下都有強烈的顏色變化；蛋白質在自然環境下接近透明無色，加熱後因為胺基酸遭到破壞會略呈黃褐色，這些成分在合適的環境下，透過調整溫度、酸鹼性、氧化還原狀態等手法，就能當作隱形墨水使用。

2011年2月，新北市有人涉嫌利用市面上販賣的「可擦拭鋼珠筆」簽六合彩，改簽注號碼，卻被組頭反控變造簽單詐賭；業者解釋，「可擦拭鋼珠筆」是利用擦拭時「摩擦生熱」，改變紙張溫度，讓墨水變無色。

電影上也常看到有人用隱形墨水筆寫字，但一段時間後字跡就消失；陳竹亭認為，這種隱形墨水吸收空氣中的氧氣或水分會變成無色，不過以現代科技而言，不管是「可擦拭」或是「會消失」的墨水筆，都可能還原原來的字跡圖案。

口水、血液　也是隱形墨水

●Case 1

清朝進士趙吉士在《寄園寄所寄》一書中，提到古人製造隱形墨水的方式：「用礬及膠，以鐵釘共煮，用其水寫白紙上，視之無跡，以墨塗紙背，則字見。」陳竹亭猜想，明礬接近無色，吸水後促成「凝膠效應」，讓墨的微小顆粒難附著，在紙上產生反白字跡。

●Case 2

英國情報機關MI6授權學者編寫的傳記《軍情六處》（MI6—The History of the Secret Intelligence Service 1909-1949）2010年9月出版，提到他們曾經用男人的精液當隱形墨水。其實人類的其他體液如口水、血液、乳汁也會有類似效果，體液的蛋白質在一般情況下不易偵測，但在紫外光照射下，螢光顯跡就很清楚了。

圖爲「環型線圈式超穎材料」，前方綠色材料上看似「＋」字形的材料可以讓電磁波在裡面打轉，進而扣除干擾、重整，讓接收端感覺不出干擾物的存在。後方透明版是將一個一個的「＋」字形排列成22×22的方陣。　資料來源／聯合報

古人早就知道利用明礬可以製作隱形墨水，圖中小朋友以透明的明礬水，畫在洋蔥皮煮過的畫布上，就能看出圖案。　資料來源／聯合報

必學單字大閱兵

radar 雷達
Radar Cross-section Area, RCA 雷達截面積
invisible 隱形

chapter 6

海嘯形成條件　日震都具備

海嘯解析

◎蔡永彬

日本東北大地震引發海嘯，破壞層面之廣，連科技先進的日本都難以招架。

逆斷層＋深度淺＝海嘯形成條件

當海域發生大地震、火山爆發、山崩等情況，引發海底的隆起、沉降時，會連帶讓海水產生波動，就可能形成海嘯。然而，海嘯與震源特性、造成的斷層種類、地震規模有關；海底地震不一定會造成海嘯，海嘯也不一定會造成災害。

中央氣象局地震測報中心主任郭鎧紋指出，海嘯和一般波浪不同的地方在「週期」，一般波浪的週期短，大概十多秒鐘，海嘯的週期可能有幾十分鐘甚至更長。

海嘯的速度　可比飛機

海嘯與波浪的「波長」也差很多，一般波浪的波長大概才一兩百公尺，海嘯波長可能有數百公里。

海嘯傳播的速度等於「重力加速度」乘上「海水深度」再開根號（$v=\sqrt{gh}$），如果在3000公尺深的地方，海嘯前進時速約為617公里，郭鎧紋形容速度就像飛機；水深200公尺的海域，他說就像汽車，某些電影中可以看到主角飆車逃避海嘯。

在廣闊的大洋中，海嘯波高才幾十公分，船隻不一定會有感覺；但是等它走到較淺的近岸，速度會變慢。

郭鎧紋表示，前面的浪已經慢下來，後面的浪還是很快，「後浪推前浪」，多個海浪越疊越高，有時會變成電影中常見的「水牆」。

電視上的「驚濤裂岸」不一定是海嘯剛到岸邊的情況。郭鎧紋舉例，1867年基隆海嘯初發生時，波谷先傳到岸邊，造成大退潮，許多民眾前去撿魚；後來波峰傳到，海水大量湧入，才把岸邊人、物都捲進水裡。

海嘯遇海島　消耗能量

中央大學水文與海洋科學研究所助理教授吳祚任分析，這次日本地震在海底造成「逆斷層」，板塊往相反方向推擠，產生垂直方向的地形錯動；加上這次的地震深度淺，可說是「相當理想」的海嘯產生條件。

不過這次海嘯傳到台灣已經很弱。吳祚任認為，海嘯傳遞期間經過的海島會消耗掉它的能量；當時台灣正逢低潮，沒有加成影響。吳祚任說，預測海嘯都會盡量高估，因為浪高就算只有20、30公分也有機會把人捲走；麻煩的不是浪高，而是打上岸造成的後果。

吳祚任補充，雖然海嘯襲捲岸上可以造成大破壞，但是在大洋中對深海生物不太有影響。

台灣史上最大海嘯　一百四十四年前出現

台灣時間2011年3月11日下午1點46分，東日本外海發生芮氏規模9.0強烈地震，是自1935年「芮氏規模」通用以來排行第四強震。地震引發海嘯，日本因此死亡、失蹤的人數合計已經超過兩萬人，甚至還爆發核能電廠輻射外洩危機。

地震發生10分鐘，太平洋海嘯中心（PTWC）發布第一號海嘯電報，將日本、俄羅斯列為海嘯警告區域，台灣、關島等地列在「觀察名單」中；1小時後，日本福島相馬市觀測到最大浪高約7.3公尺。台灣中央氣象局當天下午2點半發布海嘯警訊，3點半、4點45分發布二

6

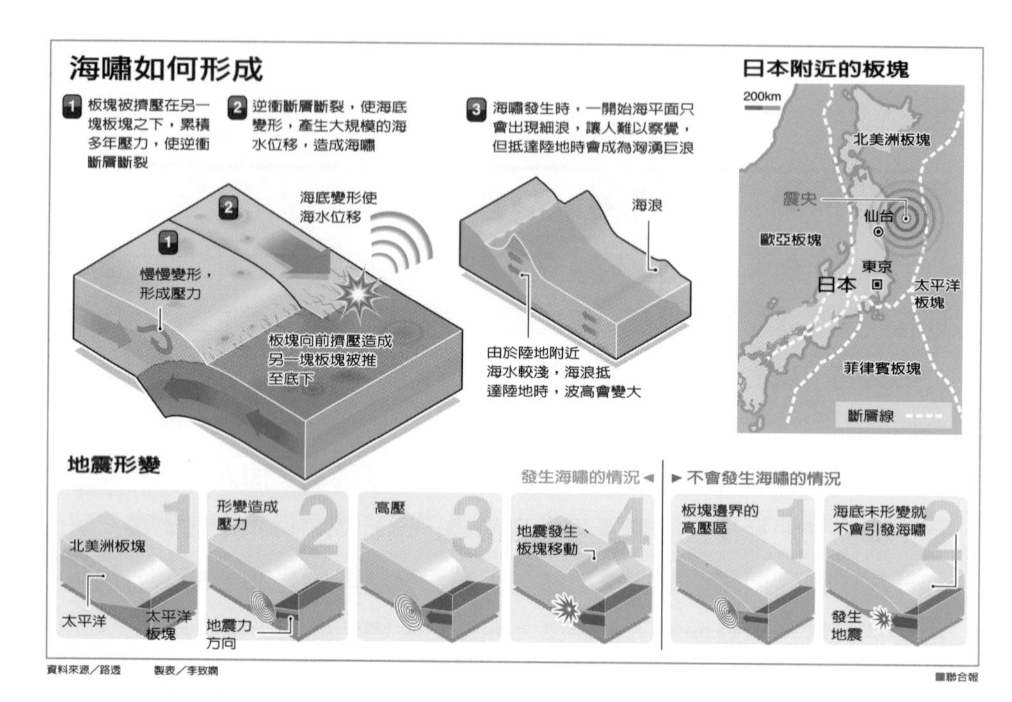

資料來源／路透　製表／李致嫻　■聯合報

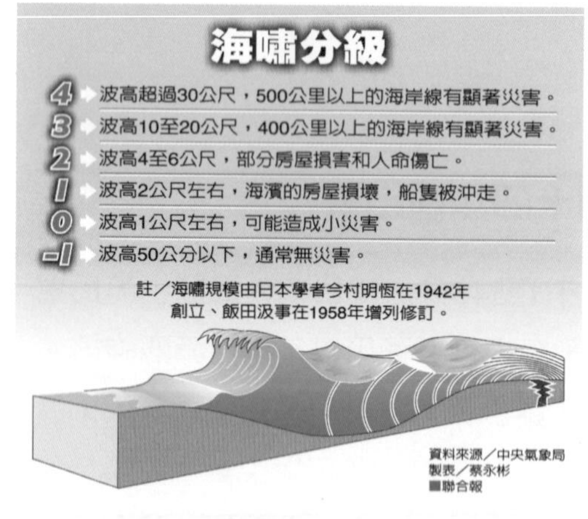

海嘯分級

級	說明
4	波高超過30公尺，500公里以上的海岸線有顯著災害。
3	波高10至20公尺，400公里以上的海岸線有顯著災害。
2	波高4至6公尺，部分房屋損害和人命傷亡。
1	波高2公尺左右，海濱的房屋損壞，船隻被沖走。
0	波高1公尺左右，可能造成小災害。
-1	波高50公分以下，通常無災害。

註／海嘯規模由日本學者今村明恒在1942年創立、飯田汲事在1958年增列修訂。

資料來源／中央氣象局
製表／蔡永彬
■聯合報

次海嘯警報，這是氣象局有史以來第二次發布海嘯警報。

當時氣象局預測最大波高約50公分，吳祚任推估蘇澳、基隆外海1、2公里處波高約35公分、高雄外海25公分，其他地區（除台灣海峽之外）外海約10至20公分高。

海嘯在當天下午5點40分起依序傳到花蓮、台東、基隆，根據氣象局潮位站資訊，宜蘭頭城烏石港約12公分，基隆、宜蘭蘇澳、台東成功約10公分。

自「芮氏規模」通用以來，有紀錄的最大地震是1960年5月在智利中部外海的規模9.5地震，智利Valdivia省主要港口Corral發生大海嘯，總死亡人數將近6000人，海嘯甚至波及日本和菲律賓。

台灣史上最大海嘯紀錄在1867年的基隆，有造成傷亡。

往後、往高撤離，別慌可保命

中央氣象局局長辛在勤指出，一般來說芮氏規模8以上的地震才容易造成海嘯；氣象局地震中心副主任呂佩玲說，只要本島發生規模超過6、深度小於35公里的地震，氣象局會在地震報告中加註「注意海水潮位變化」；近海發生規模超過7、深度小於35公里的地震，就發布海嘯警報。

台灣史上有紀錄的海嘯很少，如果海嘯真的沖向台灣，哪裡最危險？專家指出，基隆到宜蘭、台南到墾丁兩個地方，海底地形平坦，容易讓海浪堆積，進而造成災害。

沿海地形　影響海嘯高度

郭鎧紋表示，台灣東部沿海水深很深，就算海嘯襲來，造成的波浪高度不高；反而是宜蘭、基隆一帶，沿岸地形由淺至深，慢慢往外增加，海嘯遇到沿岸較淺的地勢，波浪就會增高。

吳祚任則說，位於菲律賓西岸的「馬尼拉海溝」，是美國地質調查所（USGS）評定「全球最活躍」的海溝。如果因地震而引發海嘯，台灣西南沿海只有25分鐘應變；屆時屏東東港有可能全部淹沒，高雄、台南市的精華區也會全遭摧毀。

氣象局今年建立第一個海外地震與海嘯觀測站，郭鎧紋預計海嘯預警可以多10分鐘。

此外，中大海嘯研究實驗室已完成「海嘯模擬預報系統」，利用USGS在網路發布的資料，再根據美國康乃爾大學「多層網格海嘯預測」（COMCOT）模式，希望讓人民、政府與企業都能爭取到反應時間。

另外，國家科學委員會將建置「台灣海嘯災害潛勢資料庫」，提供災害防治工作參考。

國家災害防救科技中心發言人李維森指出，遠道而來的海嘯一定有時間應變，大家不要慌，記得往後、往高撤離；而且台灣房屋多為鋼筋混凝土構成，比日本木造房屋強很多，正確的防災態度才是自己的「救命符」。

必學單字大閱兵

tsunami 海嘯
earthquake 地震
Richter magnitude scale 芮氏地震規模
（又叫「近震震級」（local magnitude））
wave 波浪

chapter 7

釷+石墨+熔鹽　未來核能方向

核能應用解析

◎陳幸萱

日本福島發生核安事件，核能發電的安全及必要性再度成為世界各國的焦點。當核反應開始之後，要保持反應速率產生「連鎖反應」，必須依靠慢速的中子；而核反應後會先產生動能較高、速度較快的中子，則不容易誘發下一階段的核反應。

中央研究院院士徐遐生表示，目前有一套「新的辦法」可以處理核能發電的風險。他指出，過去就已經有使用石墨當中子減速劑、用熔鹽做冷卻劑的想法，只是一直沒有人成功做出來；預期用釷當燃料，配合石墨和熔鹽，將是未來核能的新方向。

石墨的傳熱效能好，可以耐高溫；不像水遇高溫會變成氣體，同時也比大多數反應器壓力槽的金屬材料耐熱，可以提高核反應的功率。

徐遐生表示，目前有65%核分裂產生的熱都無法使用，如果提高

核廢料處理是各國頭痛問題，美國土地大，可選擇的處理地點也較多，圖爲內華達沙漠的核廢料儲存場。

材料耐高溫能力，將可提升10%的核能使用率。

　　而石墨也不會與核分裂放出的中子發生作用，是理想的中子減速材料。

熔鹽取代水　隔絕效果好

　　熔鹽就是熔融態的鹽類，是液體，可以用來阻隔石墨和氧氣在高溫下產生燃燒反應。用熔鹽取代水，作為「工作流體」帶走熱量，不僅提高系統溫度、創造更高效能，也更加安全。

　　徐遐生說，溫度達攝氏400度以上，鹽就會變液體；在高溫下，熔鹽不會產生蒸氣，更不會產生氫氣，因此沒有使反應爐壓力過大而爆炸的危險。

如果不慎發生輻射外釋的情況，輻射物質混在熔鹽中，碰到室溫就會冷卻成固態的「輻射鹽」，也不會跟著水蒸氣飄散到空氣中，造成輻射汙染。

徐遐生說，使用釷232當燃料，則是考量到地球上的釷含量比鈾更多。他也指出，釷和鈾發電的效率一樣高，而核廢料中的鈽也可以用來製造釷，讓核廢料變燃料。並且中子撞擊釷232分裂後的產物，半衰期最長只有三十年；目前鈾235分裂生成的鈽239，半衰期就可達兩萬四千年，相比之下儲藏的難度較低。

徐遐生表示，這是「用新材料搭配舊方法」，讓核能發電更安全。

但國立清華大學核子工程與科學研究所教授白寶實指出，台灣應不可能發展釷燃料發電，因為提煉釷的技術同時也可以製造核武，受到管制。

徐遐生目前正和美國柏克萊、密西根大學與麻省理工學院合作，希望三年內能用「新材料」造出一個小的核能爐。

科學知識家
用過燃料 97%可再回收

為了控制連鎖反應的速度，核電廠會利用含硼元素的「控制棒」吸收一部分核反應產生的中子，讓燃料棒吸收的中子數量，剛好能產生恆定的能量，稱為反應爐的「臨界狀態」。

「臨界」（criticality）是一個核名詞，指系統的中子平衡（the balance of neutrons in the system）。「次臨界」（subcritical）指系統的中子損失速率大於產生速率，中子群（或中子數）隨著時間減少。「超臨界」（supercritical）指中子群隨著時間增加。

反應爐的功率與中子群成正比。正常功率運轉時，反應爐維持在臨界狀態。在其他系統中，像是用過燃料池（spent fuel pool），有許多機制預防燃料進入臨界。

如果這種系統到達臨界，稱為「再臨界」。使用硼與其他材料吸收中子，是為了確保不會發生再臨界的情況。加入的中子吸收劑，會增加中子損失速率，確保系統處於次臨界狀態。

水冷卻反應爐　由水減緩中子反應

大多數輕水式反應爐（light water reactor）（例如日本的沸水式反應爐）使用水冷卻反應爐，水也同時減緩中子的速度。在這些系統中，慢速中子引發絕大部分的核反應。所以，如果水沸騰蒸發，中子就不會減速，核反應的機率與功率下降，而讓核系統進入次臨界狀態。

如果沸水式反應爐或用過燃料池的水溫上升並蒸發而沒有冷卻，水溫上升與蒸發會讓系統進入次臨界狀態。這些系統裡面有大量的硼，像是反應爐控制棒（control rod）、用過燃料池裡面各種形式的硼。

用過的燃料，如果採濕式儲存，會在停機後被移到「用過燃料池」中，利用水帶走餘熱。原子能委員會核能管制處副處長徐明德說，用過燃料池中會有含硼元素的「控制格架」，目的也是減低核分裂產生的中子再撞到鈾的機率，讓連鎖反應慢慢停下來。

放射性物質濃度　減低需花十五年

他指出，從反應爐中移除的用過燃料，在用過燃料池中經過一個月，仍會產生原始熱量的1/1000；過了一年，放出熱量仍有1/2000。若用過燃料池冷卻系統無法運作，如這次日本福島一廠中的三、四號機，就會有池水蒸發，用過燃料暴露在空氣中，造成放射性物質外洩的危險。

徐明德說，用過燃料大約有97％都可以再回收使用，能同時減少核廢料和高放射性物質。而一般大約要十至十五年，池裡用過燃料產生的熱量及放射性物質強濃度，才會減低至較安全的範圍。

日災借鏡　更多國家採用乾式儲存

用過燃料還可以採乾式儲存。徐明德說，原理是利用冷空氣自然循環，確認自然風能帶走剩餘核反應產生的餘熱，讓裝在儲存桶和護箱裡的用過燃料「吹風」冷卻；國際間乾式儲存設施約可儲存五十至一百年。

他表示，乾式儲存為較多國家採用，濕式燃料池有容量問題，加上看到日本福島電廠濕式儲存冷卻循環系統失靈後的經驗，應該會有更多人使用。

至於國內，核一廠乾式儲存設施正在建造中。

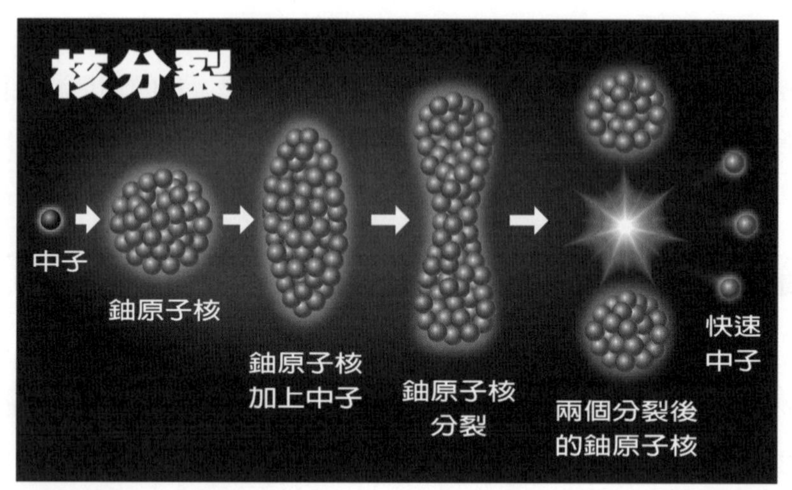

製表／卓佳萍　■聯合報

7

核能ABC

核能如何產生？

核能是儲存在原子核內的位能。核能電廠的基本原理就是將原子核內的位能經核反應後生成粒子的動能和電磁輻射能，這些能量先轉換成熱能再變成電能。

核分裂或核熔合反應後，總質量會比反應前少，這些減少的質量所攜帶的能量可變為核能釋放出來，依照愛因斯坦質能等效關係，質量為m克，光速$c=3\times10^8$m/s，能量為E，質能等效關係為$E = mc^2$；1克質量可產生9×10^{13}焦耳的能量，相當於2500萬度的電能，可提供約3500個家庭一年的電力。

比較1莫耳的鈾235核分裂與1莫耳的碳燃燒放熱的能量，鈾235約可放出2×10^{13}焦耳，碳則約4×10^{5}焦耳。兩者相差5000萬倍，純就能量來看，核能比傳統能量更經濟。

反應器中的水：冷卻劑、緩速劑

國立清華大學核子工程與科學研究所教授白寶實說，一般核能發電的能量來源，就在「慢中子反應器」（或稱熱中子反應器）裡；而核電所須承擔的風險，也是來自反應器。

在慢中子反應器中，須先用一個速度比較慢的「慢中子」去撞擊鈾235原子，讓鈾原子產生分裂，過程中會損失質量。根據愛因斯坦的特殊相對論 $E = mc^2$，質量與能量可以互換；虧損的質量會變成能量，成為核能發電的能量來源。

發電原理

白寶實說，一個分裂過程大概可以產生2.1億百萬電子伏特的能量，其中90%的能量會轉成熱量；冷卻劑（常用普通水）帶走熱量後，熱能使水從液態變成氣態，產生蒸氣，帶動機械裝置發電，這就是核能發電的原理。

而每次核分裂，平均會產生2.6個「快中子」，可繼續碰撞其他鈾原子，完成核能「連鎖反應」；持續產生能量，核反應也不斷進行。

不過這次福島核災中，主因是因電廠「全黑」無法降溫的時間過長，導致後來一連串的問題出現。

原能會核能管制處處長陳宜彬解釋，當反應爐的溫度達到攝氏

1200度，燃料護套的鋯合金就會跟水蒸氣起化學反應，產生氫氣。

空氣中的氫氣濃度若達到4％，就可以輕易點燃，達到8％會自燃，若濃度更高，就會產生氫爆。

目前證實是氫氣濃度過高，使福島第一核電廠的一、三號機產生爆炸。爆炸之後，二次圍阻體受損，部分輻射蒸氣跟著散逸到空氣中。

必學單字大閱兵

nuclear energy 核能
nuclear fission 核分裂
chain reaction 連鎖反應
radionuclide 放射性核種
radioactive decay 放射性衰變

chapter 8

顛覆生命想像 新砷物 吃毒當吃補

砷元素解析

◎陳幸萱

NASA在2010年發現　高砷環境有生命

「這些年來，科學家對尋找外星生命的熱忱和研究是很積極的。」清華大學生命科學系教授李家維說。但是，「外星生命」很可能就存在我們身邊！

在2010年12月初，NASA 公布了一項重大發現，科學家發現一種可以靠砷（arsenic）存活的細菌，這是一種全新的生命形態。

這種李家維稱之為「異形生物」的細菌，可以在高砷環境中生存，並以砷取代生物細胞內構成生命的六大要素之一的元素——磷（phosphorus ）。

砷化學結構與磷相似

一般科學家的認知，碳、氫、氧、氮、硫、磷六種元素是構成生命不可或缺的基本元素，而砷對一般生物來說則是毒性物質，可以

研究人員從摩諾湖找到的GFAJ細菌，在電子顯微鏡下，看起來像米粒，它們有著和其他物種全然不同的代謝系統。

在細胞中取代磷的位置。因為在化學元素週期表中，砷就排在磷的下面，化學結構相似；李家維說，因此砷可以用和磷相同的管道進入細胞中，但卻無法發揮磷在細胞中的功能，會讓細胞死亡。

李家維指出，磷構成一般生物的 DNA 骨架，並以 ATP 的形式傳遞細胞能量，細胞內的重要生理活動也會使用磷酸根當「開關」，啟

動或關閉特定蛋白質活性；磷是細胞內的重要物質。NASA 新發現的微生物卻可以砷代替磷的功能，把蛋白質、脂肪甚至DNA中的磷，以原本對生物有劇毒的砷取代。

砷酸鹽當養分

尋找外星生物　有新方向

美國國家航空暨太空總署天文生物學研究所（NASA Astrobiology Institute）的 Felisa Wolfe-Simon 博士與美國地質調查局（U.S. Geological Survey）合作，從摩諾湖（Mono Lake，美國加州東部優勝美地國家公園附近）沉積物中取出微生物培養，餵食醣、維他命及一些稀有金屬，完全不給這些微生物磷酸鹽（磷在生物中最常被運用的形式），而給予愈來愈多的砷酸鹽。

其中有一種被命名為 GFAJ-1 的菌株，屬於喜歡高鹽環境、大都存在海洋中的鹽單胞菌科（Halomonadaceae），被研究團隊挑出來放在試管中培養；其中一些 GFAJ-1 細菌被放在高量砷酸鹽的環境，另一些只獲得磷酸鹽。

生命要素　可被取代

實驗結果發現，以砷酸鹽餵養的細菌雖然長得比獲得磷酸鹽的細菌慢，但仍可穩定生長。

菌種每兩天就能繁殖一倍。此外，儘管 GFAJ-1 細菌體內的磷酸鹽無法被徹底清除，GFAJ-1 細菌確實已經開始把砷酸鹽當成生長的養分，取代原本磷酸鹽的功用。

「由研究資料，我們得知砷酸鹽逐漸全面取代磷酸鹽。」Wolfe-Simon 表示，「如果我們是正確的，這種微生物已經以全然不同的方式存活下來。」

台大生物環境系統工程學系副教授廖秀娟表示，這項發現是科學界對生物體必需元素知識的一大顛覆，外太空的生物探討方式需要被重新思考。

因為目前人類往外太空尋找生物時，多是朝含有地球上生物必需元素的環境尋找；如今發現有細菌能靠過去認定的「毒性物質」生長，表示科學家需要對「適合生物生存」的環境重新定義。

微生物　將砷釋放到水中

砷對人類公共衛生而言是很大的威脅，台大生物環境系統工程學系副教授廖秀娟團隊和美國地質調查局（U.S. Geological Survey）合作，研究台灣地下水中砷的來源；發現微生物是將砷「釋放」到水裡的重要生物因子。

根據世界衛生組織發表的報告指出，長期引用含高濃度砷 (AsO_3) 的地下水，使孟加拉目前面臨「人類歷史上最嚴重的集體中毒事件」。

在全國 1.25 億人口當中，至少有 8500 萬人因長期飲用含有高濃度砷地下水而引發大規模中毒。

烏腳病　來自含砷地下水

在半個世紀前，「烏腳病」也曾流行於台灣西南沿海一帶；許多學者認為，這與引用高砷含量的地下水有關。隨著台灣自來水普遍化，飲用地下水而引起烏腳病的嚴重病例已不復見。

但台灣仍有許多地區地下水砷含量高於世衛組織定的 10 ppb（微克／公升）安全值；廖秀娟指出，宜蘭、雲林、濁水溪沖積扇和金門，有些水井的地下水含砷量甚至高達數百 ppb。

廖秀娟說，雖然目前台灣人很少直接飲用地下水，但養殖漁業大量使用地下水，可能已經造成嚴重的生物累積效應。而「要解決問題，就要探討基本的機制」，研究高砷含量地區的砷如何從環境進入水中。

8

吃砷好氧菌　幫地球解毒

廖秀娟研究團隊分析從濁水溪沖積扇及布袋地區採回的土壤樣本，發現只要十週，含有微生物的土釋放出的砷就高達數百 ppb；而去除微生物的泥土，所「貢獻」的砷則相當有限。

研究團隊再從中篩選出一種特定的好氧菌（喜好有氧環境的細菌），發現三十分鐘內，這些細菌就可以把濃度達 2000 ppb 的三價砷氧化成毒性較低的五價砷。

這些吃「毒性物質」的微生物，能藉由轉換砷的氧化還原態，就像攝食般獲得能量；是地球上原本就能抵抗環境中毒性的生物。廖秀娟說，這應該也是世界上首次發現高砷地區「原產」細菌具有「解毒」功能；雖然還在實驗階段，但未來有可能應用在環境復育上，將

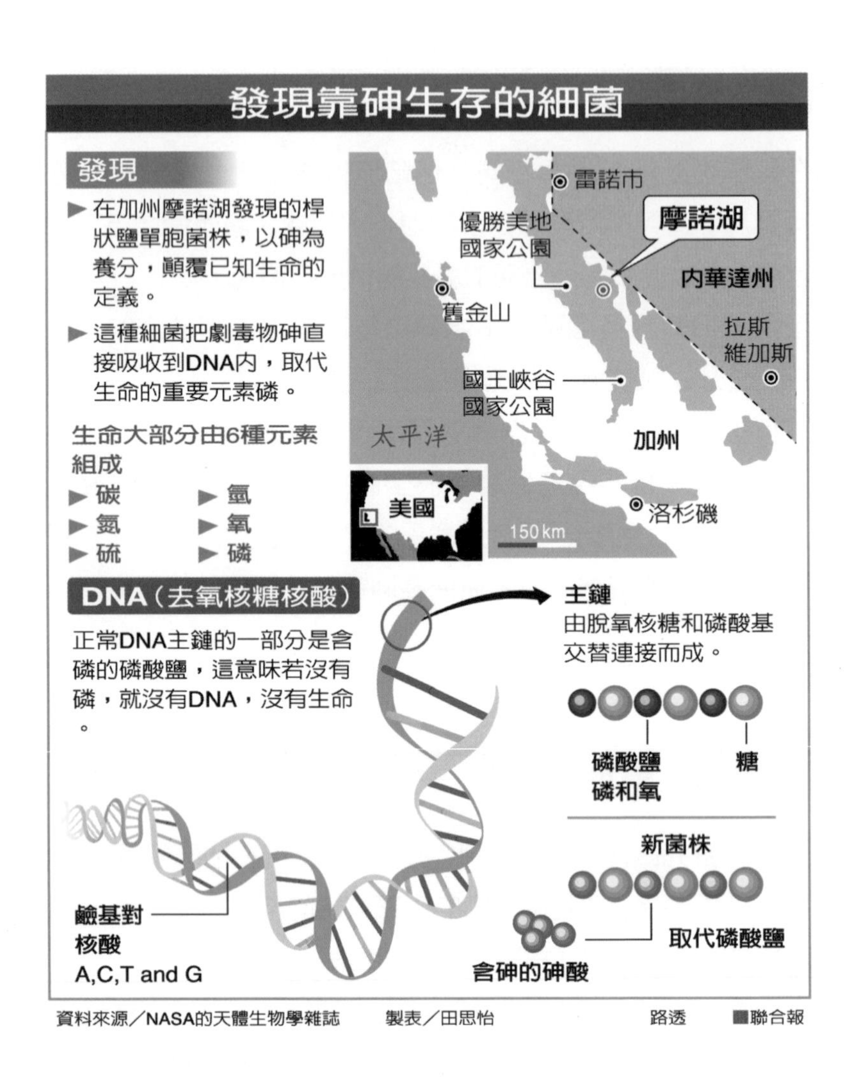

有解毒功能的現地細菌放回，降低高砷環境的毒性。

未知生命　來自另一起源？

清華大學生命科學系教授李家維指出，目前地球上的生命有許多共同特徵，因為本質極為相像，學界多認為，這些生命是來自同一次的生命起源。

這些相似之處包括，生命由有機物組成，細胞內分子的骨架都是由碳（C）所構成，DNA的雙螺旋分子全部都是右旋，並且除了少數例外，所有科學家熟悉的生物，都使用同樣的二十種胺基酸來建構蛋白質。

若能找到一種生物，違反科學家熟知的這些生命規則，「就是和我們不同的異形生命。」李家維說，科學家過去幾年就一直在尋找能用砷取代磷，或用矽（Si）取代碳的生物；因為砷和磷、碳和矽在元素週期表中位置相近，都有類似的化學性質，但我們熟知的生物卻「不約而同」地選擇了其中一種元素，並讓它們在生命中扮演重要角色。

李家維說，這種「不約而同」的選擇，可能是因為來自同一次生命起源。他指出，NASA的新發現可說是被「熱烈期盼的研究成果」；不僅代表地球上的確存在我們所不知道的「異形生命」，同時也可能是地球上不只有過一次生命起源的證據。

鮮知先贏
好手氣 基因早決定？

【郭錦萍／輯譯】

你一定曾覺得，身邊有些人好像運氣特別好，科學家也真的發現，體內具有某個特殊變異基因的人，在遇到緊急狀況或從事高風險活動時，他們的判斷力較不受影響，而且較勇於選擇風險高的路。

人體基因中有一種MAOA負責製造單胺氧化酵素（Monoamine Oxidase A, MAOA）及單胺類神經傳遞物質（如血清素）的代謝。但另有一種變異基因MAOA-L會造成單胺氧化酵素減少。

之前即有研究發現，帶有MAOA-L的人喜愛冒險活動，且讓人在壓力大時容易有衝動行為。

為了解MAOA-L在做判斷時，到底會有多大影響，美國加州理工學院的研究人員挑選了83位19到27歲的男生，先測量他們的三種基因變異，再比較他們在實驗設定情境的行為表現。

三種基因中的MAOA-L和DRD4（多巴胺的受體）和喜好冒險有關，另一種5-HTT則和焦慮、迴避風險有關。

研究是讓受試者進行虛擬金融投資140次，可以選擇通吃（結果是全贏或全賠光）或輸贏較小的賭局。結果發現帶有5-HTT基因的人，多迴避選擇大輸大贏；至於有DRD4對偶基因的人則偏好高風險。

研究也另外比較有MAOA-H對偶基因的人，他們的MAOA酵素含量較低；結果也發現，有MAOA-L的人41%會想冒險，但有MAOA-H的人則只有36%。

實驗小組也發現，當受試者面對勝算大的金錢投資時，有MAOA-L 的人比有MAOA-H的人，比較能夠做出更合理的選擇。

對於以上的研究，有學者贊許是首次從遺傳學探討神經經濟學，也提供學界不同的思考方向。

資料來源／Nature News

必學單字大閱兵

DNA（deoxyribonucleic acid）去氧核糖核酸

ATP（adenosine triphosphate） 三磷酸腺苷

ppb（parts per billion）十億分之一，可用在質量上，1公斤物質中有1微克某物質，某物質含量即為1ppb。

As（arsenic）砷（化學元素）

P（phosphorus）磷（化學元素）

8

chapter 9

基因轉譯蛋白質 控制生物時鐘

生物時鐘解析

◎陳幸萱

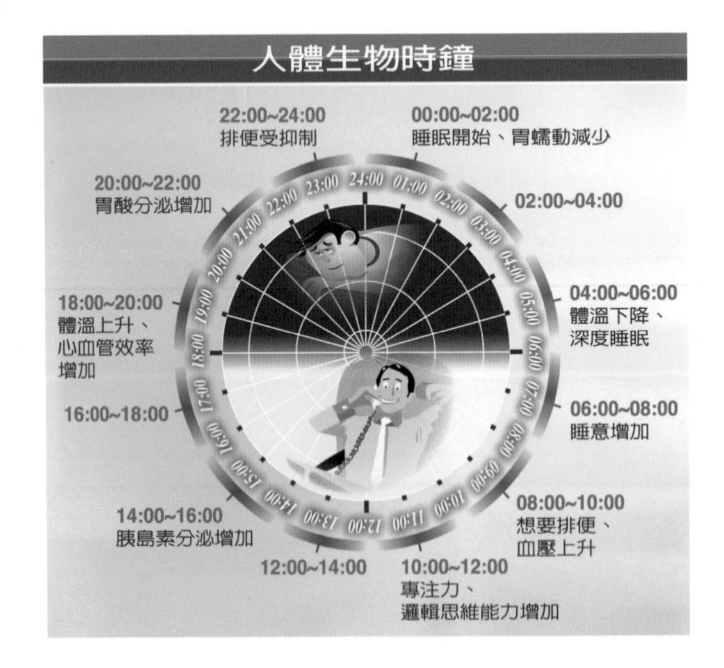

植物怎麼知道何時該開花、結果，飛雁為何在入秋後南飛，動物如何知道生殖季節到來？生物學家說：「時間就在我們的基因裡。」

從細菌、昆蟲、鳥、魚到人類，生物時鐘

（biological clock）無所不在，彷彿烙印在生物體內，感受日、夜長短的變化及明暗的更迭，牽動各種節律。

人們坐飛機到不同的國家，身體會產生時差；值大夜班工作或熬夜，特別容易有心血管疾病或高血脂、肥胖等問題，這些都和生物時鐘有關。

經過許多觀察和實驗，發現即使沒有光照，生物體內的節律還是很明顯。生理學研究先驅里奇特（Curt Richter, 1894-1988）隔絕陽光、聲音和其他外界刺激，研究大鼠的行為，發現在全黑的環境中，主要在夜裡活動的大鼠，活動高峰還是會維持在夜晚達12天之久。1990年代初，科學家也發現不管在恆暗或恆亮的環境下，猴子的體溫都維持二十四小時的節律。

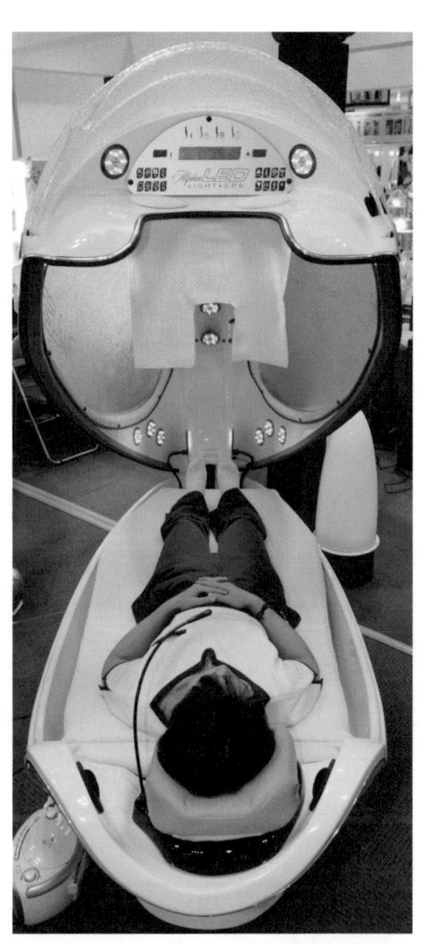

失眠讓人不好受，目前已有廠商推出可協助入睡的機器，能改變光線，並透過音樂和按摩讓人一夜好眠。

時鐘基因　控制生物活動週期

透過生理學、分子生物學等研究，科學家發現，生物體內有一種

「時鐘基因」（clock gene），DNA經過轉譯後，開始生產特定的蛋白質，控制下游蛋白質執行功能，改變生理參數。當時鐘基因產生的蛋白質達到一定的量，則會開始抑制基因轉譯，等到蛋白質的量降低到一個程度，轉譯又再度開始。

長庚大學基礎醫學研究所副教授黃榮棋指出，這樣一個「迴圈」大約是二十四小時，稱為「約日時鐘」（circadian clock）。蛋白質的增加會使基因轉譯朝原本的反方向進行，因此稱為「負回饋圈」。人體的溫度在傍晚時分比較高，在清晨4、5點之間體溫最低，高低循環的週期大約二十四小時，就是這些迴圈作用的結果。

透過時鐘基因，蛋白質可以有負回饋圈或正回饋圈，環環相扣、形成複雜而和諧的生物時鐘。

黃榮棋說，人類下視丘內的神經細胞的脈衝在白天高、晚上較低，神經脈衝送到腦核後，以此調控人體中其他器官的日夜節律。目前他正投入影響神經脈衝的蛋白質通道研究，希望能找出神經脈衝具有約日節律的原因。

光訊息、壓力　都會影響約日節律

來自環境的訊息，例如光照或飲食，會校正並維持我們體內的生物時鐘。

黃榮棋說，光訊息是生物時鐘最主要的校準機制。在人類視網膜上，有少數的特殊節細胞具有感光物質，可以將光線明暗、長短的訊息送給大腦中的視叉上核（SCN），控制約日節律的SCN，會再將約日訊息傳出去，轉給腦中控制不同生理參數活性的區域。

他解釋，每個器官都有約日節律的指揮，全身上下加起來，就如同多個指揮、各自指導其下的樂團合奏。而SCN就像是這些小樂團的「總指揮」，接到來自環境的訊息後，馬上往下送。但不同器官「會意過來」的時間不同，從幾小時到幾天都有。如果坐飛機到不同國家，肝臟大約需要兩週才跟得上。身體器官、系統的不同步，最後反映在人體上，就成了時差。

約日節律　影響世界紀錄

不同的生物，感應光照的器官也不同，例如麻雀是在頭頂，植物的細胞內則有特殊的蛋白質和化合物作為光受體，記錄環境中的光照長短，送給支配約日節律的中心。

人體存在著許多約日節律，例如清晨血壓會迅速上升、到傍晚6點至7點間達到最高，晚上9點，使人容易進入睡眠的褪黑激素開始分泌，到了清晨6點至8點間，褪黑激素分泌停止，人因此甦醒。黃榮棋提醒：「有沒有注意到，許多世界紀錄都是在傍晚時打破的？」這是因為血壓、體溫在傍晚時最高，心血管效率及肌肉張力在那時也最佳。

除了光訊息以外，飲食習慣也被認為是影響生物時鐘重要的「非光訊息」。黃榮棋解釋，如果晚上找不到食物，也需要在白天出來攝食，可能會因此影響到生物時鐘。

其他非光訊息還包括運動、壓力、代謝和環境溫度，最特別的是，社交生活也會影響人的約日節律。

人體的節律

時間	生理功能	疾病影響	生化反應
00:00~02:00	▲睡眠開始 ▼胃蠕動	▲痛風 ▲腦中風	▲生長激素 ▲尿酸濃度
02:00~04:00		▲胃潰瘍危機 ▲膽囊症狀 ▲氣喘	▲泌乳素▲葡萄糖 ▲三酸甘油脂▲淋巴球 ▲嗜酸性球
04:00~06:00	▼體溫 ▼專注 ▼深沉睡眠 ▼尿液製造 ▲生產	▲胃潰瘍危機 ▲嬰兒猝死症 ▲氣喘	▲褪黑激素 ▲腎上腺皮質刺激素 ▲濾泡刺激素 ▲黃體刺激素 ▲促甲狀腺激素 ▲葡萄糖
06:00~08:00	▲睡意／倦意	▲風濕性關節炎 ▲過敏性鼻炎 ▲偏頭痛 ▲心絞痛、心肌缺血 ▲中風 ▲死亡	▲可體松 ▲睪丸素 ▲血漿兒茶酚胺 ▲血小板黏稠度 ▲血液黏稠度 ▼纖維蛋白溶解活性 ▲自然殺手細胞活性
08:00~10:00	▲排便 ▲血壓 ▲心跳速率	▲心肌梗塞 ▲死亡	
10:00~12:00	▲專注▲短期記憶 ▲邏輯思維▲血壓	▲心肌梗塞 ▲中風▲死亡	
12:00~14:00	▲專注▲短期記憶 ▲邏輯思維 ▲尿液製造 ▲呼吸道暢通		
14:00~16:00			▲胰島素
16:00~18:00		▲骨性關節炎 ▲肌纖維痛	
18:00~20:00	▲體溫▲警覺 ▲心血管效率 ▲肌力 ▲柔軟度▲握力 ▼睡眠傾向		
20:00~22:00	▲胃酸	▲皮膚敏感度 ▲更年期潮紅	
22:00~24:00	▲胃酸▼排便		

註／▼表示最小　▲表示最大

資料來源／黃榮棋副教授提供

■聯合報

植物生理步調　與環境同步

和動物一樣，植物也有生物時鐘。最早在植物上觀察到的生物時鐘，是葉子會隨著日夜變化而擺動，即使去除光照之後，彷彿「還記得」之前的環境變化一般，葉子還會持續以過去的規律擺動一段時間。

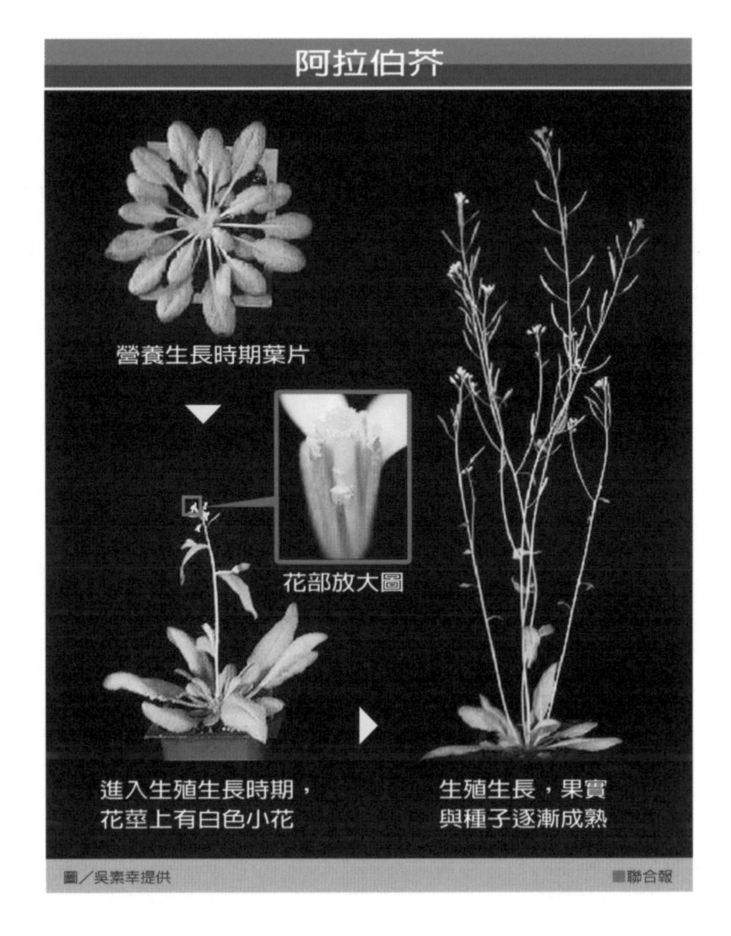

中央研究院植物暨微生物學研究所副研究員吳素幸說，植物無法像動物一樣自由移動，所以對環境變化有更敏銳的反應。

植物細胞內有特殊的蛋白質，可以接收特定波長的光，判斷外在環境是可見光、紫外光多的白天，或遠紅光較多的傍晚，或是沒有光線的晚上。吳素幸說，這些蛋白質會收集解讀環境的光特性及訊息，透過基因表現，「告訴」植物體內的細胞現在該做什麼。

植物生物時鐘　主要為負向回饋

雖然在果蠅、哺乳類身上都同時存在正向、負向的回饋圈來調控生物時鐘，但根據過去的研究結果，植物學家普遍認為，植物的生物時鐘主要由三個負向回饋圈組成，完成週期約二十四小時的持續循環。

植物會利用生物時鐘和環境進行同步化，將生理的步調調整至最佳狀態。藉由感受日光長短，植物可以知道什麼時候該儲存養分、傳粉者出現的季節是否到了、什麼時候可以結果等。

吳素幸說，農作物等到適合的時間進行開花結果，也會有比較好的產量。

科學家發現，如果以人為方式增加或減少植物每天的光照時間，可以改變植物開花的時間。農民也會利用光照時間的改變來調整花卉的花期。科學家也發現，當生物時鐘相關基因發生突變時，植物也會改變開花的時間。

吳素幸的研究團隊發現，基因可以控制阿拉伯芥生物時鐘的穩定性，當這個基因產生突變時，概日韻律（circadian rhythm）變成是十八小時，而非一般的二十四小時。

破壞生物時鐘　可控制花期

由於植物和環境互動大，生物時鐘穩定性的瓦解，也造成該植物出現提早開花的現象。

吳素幸團隊從細胞學和分子機制，研究「一天只有十八小時」的阿拉伯芥，發現阿拉伯芥生物時鐘的中心節律器（central oscillator）中，存在一正向回饋的調控迴圈（positive feedback loop），由LWD1、PRR9兩個時鐘蛋白質（clock proteins）組成。

LWD1蛋白質會與PRR9之啓動子結合，促進PRR9基因表現；PRR9的基因表現量增加，也會促進LWD1基因表現，形成相互促進的正向迴圈，這個正向迴圈可以穩定植物以一天二十四小時為單位持續運作的生物時鐘。

吳素幸表示，這個研究結果有別於先前認知植物只有負向回饋圈的概念，經過近一年反覆驗證，研究團隊才提出找到第一個正向回饋圈研究結果。該論文已於2011年2月刊載在美國植物科學期刊《植物細胞》（The Plant Cell）。

必學單字大閱兵

biological clock 生物時鐘
circadian rhythm 概日韻律，約日節律
circadian clock 概日時鐘，約日時鐘
suprachiasmatic nucleus, SCN 視叉上核

chapter 10

神祕鬼火　來自磷光一閃

磷元素解析

◎蔡永彬

美、中都有分布　地殼含量排第11

磷是相當重要的元素，在地殼中含量排名第11。但它的發現卻和「鍊金」有關；在荒郊野外偶爾會遇上的「鬼火」，其實也是磷光的一種。根據《磷及其化合物》（Phosphorus and Its Compounds）一書記載，1961年時地球上有57億噸磷礦；1987年，國際地質校正計畫（IGCP）估算，全球大概有1630億公噸的含磷礦石，相當於可萃取出130億公噸的磷。台灣大學科學教育發展中心主任陳竹亭對「挖光」說法的真實性感到存疑。

想鍊黃金　反而發現磷

磷在1669年由德國鍊金術士布蘭德（Hennig Brandt）發現，過

有學者認為，地球上的磷可能在三十到一百年內被挖光。

程有些歪打正著。

人類的尿液多呈黃色，布蘭德以為裡面有黃金，就收集了非常多尿液；他先把尿液煮沸、濃縮再蒸餾，搞得整條巷子臭氣沖天。結果布蘭德希望的黃金沒有出現，反而得到一些在黑暗中會發光的白色蠟狀物，這就是磷。

曾誤被當作「賢者之石」

陳竹亭說，當時鍊金界中相信有一種「最純淨的東西」，叫作「哲人之石」或「賢者之石」（The Philosopher's Stone）；只要和其他「不完美的東西」接觸，也可以把不完美的變得完美。陳竹亭表示，以現在的科學來說，這當然是錯誤的化學觀念；不過因為磷的外觀很特殊，當時很有名的英國科學家波以耳（Robert Boyle）也曾誤以為磷就是「賢者之石」。

燃燒生白煙　成煙幕彈

1750年前後，瑞典藥師席勒（Carl Scheele）用磷酸鈣分離出磷，這是最方便又衛生的製造方法。1769年，化學家發現骨頭裡也含有磷酸鹽，後來有人發現，摻有磷的砲彈跟炸彈，爆炸後更有殺傷力；磷燃燒時和氧結合，在空氣中形成濃稠的白煙，被拿來當作煙幕彈。

曾經有一段時間，人們蒐集動物骨頭、跑到戰場去挖死人骨頭來提煉磷，直到世界各地陸續發現磷礦，磷的供應和價格才穩定下來。磷礦分布的地理位置很集中，美國、中國、南非、摩洛哥、西撒哈拉地區最多。

陳竹亭指出，人類的牙齒中，最多的是氫氧磷酸鈣、氟磷酸鈣和氯磷酸鈣。氫氧磷酸鈣容易被酸侵蝕，所以牙膏中添加氟就是用氟離子取代氫氧根離子，抵抗酸性腐蝕。

鬼火飄動　錯覺追人跑

至於「鬼火」，是因為屍體腐化時釋出磷化氫，磷化氫容易自燃，就產生鬼火現象。陳竹亭解釋，「追著人跑」應該是一種錯覺，磷火輕，會飄在空中；人走過時帶動空氣流動，磷火也會受氣流的牽引而飄動。

人體無法合成　攝取磷靠食物

台灣大學生化科技學系教授蕭寧馨指出，磷是人體的「必需營養素」，人無法自己合成，一定要從食物中攝取。

她說，只要飲食習慣和腎臟功能正常，人體不易因為磷攝取量過多或過少而生病，但目前要關注的是「食品添加物」的問題。

蕭寧馨表示，成人體內磷總量約700至850克，約佔體重0.65%至1.1%，其中85%存在骨骼，15%存在軟組織（包括9%存在肌肉），細胞外液約有1%。

蛋白質食物　富含磷類

蕭寧馨指出，磷和鈣都是骨骼、牙齒的重要成分，從飲食中很容易取得。磷的吸收率為6%，鈣為30%；因此，只要正常飲食，身體就不太可能缺乏磷。磷的飲食來源主要是富含蛋白質的食物，包括奶、蛋、肉、魚、豆類，或食品添加物中的磷酸鹽類。

根據衛生署資料，成人維持健康每天所需的磷攝取量（Dietary Reference Intakes, DRI）約為800毫克；蕭寧馨說，成年人每天攝取量上限最多為4000毫克，這包括從食物中與食品添加物等各種來源的總量。

高血磷干擾　導致洗腎

如果腎臟功能健全，人體內過多的磷會從尿液排出。蕭寧馨說，萬一腎功能損壞、磷無法排出，導致「高血磷」，會干擾血鈣平衡，引發「低血鈣」。

為了補充血鈣，副甲狀腺素會升高，促使骨頭溶解出鈣。當腎功能繼續衰竭，磷還是無法排除，持續在血中堆積升高，會造成磷酸鈣沉澱；這些作用使低血鈣更加惡化、骨骼疏鬆、腎臟鈣化，最後勢必需要透析治療（洗腎）。

許多腎友血液中副甲狀腺素濃度很高，嚴重的可能會出現副甲狀腺機能亢進或相關全身性病變，如關節炎、骨頭痛、肌肉病變等。

食品添加物　磷易過量

蕭寧馨指出，食品添加物中有許多含磷化合物，近年來食品添加物的法規對磷的用量已經放寬：每公斤食品含磷酸根以3公克為限，含磷大約1200毫克。她提醒，加工肉品、魚肉煉製品、加上可樂等飲料都含有磷，可是營養標示上並沒有顯示數值。

衛生署最新的營養調查結果指出，成人與老人的每日磷攝取量都超過1000毫克；若再加上添加物的磷，民眾的磷攝取量日漸增高，卻毫無自覺和管理，可能不利骨骼與腎臟健康，值得重視。

磷礦恐耗竭　加劇糧食危機

第63屆聯合國大會定今年為「國際化學年」（International Year of Chemistry, IYC）。IYC大會中有人指出，目前地球上的磷礦有可能在三十至一百年之內就會挖光，由於磷是重要的肥料之一，可能會引發糧食危機。

棗泥、蓮蓉蛋黃等月餅，每顆的磷都超過220毫克，對腎臟病的人是種負擔。資料來源／聯合報

中華土壤肥料學會理事長、台灣大學農業化學系教授李達源表示，氮、磷、鉀三種元素是「肥料三要素」。

其中磷肥可以使作物花卉色彩鮮豔明亮、果實和種子豐滿；而且生物體中的DNA、ATP（三磷酸腺苷：在細胞內儲存和傳遞能量）中都需要大量的磷。

聽聞磷可能被挖光，李達源點點頭說「有可能」。他表示，氮可以從大氣中獲得，但是磷不行，必須由土地開採。

而且在偏酸性的土壤中，可能會有磷酸鐵沉澱、偏鹼性的土壤中可能有磷酸鈣沉澱，中性土壤比較有助於作物吸收磷。

過量複合肥料　導致湖泊優養化

李達源指出，有些農民會進行作物、土壤、葉片診斷，再依結果自行購買不同的單質肥料回來搭配使用，但是程序上比較麻煩，會這樣做的農民並不多。

台灣農民買的多半是「複合式肥料」，就像餐廳的「A餐」、「B餐」一樣，都是廠商自行調配好的。

如果使用複合式肥料，對作物和土壤又不夠了解，可能會「過量施肥」；不僅浪費，還可能造成環境問題。

李達源形容，當土壤中的某種營養素已經足夠了，農民若是還一直「餵」肥料；作物「吃不下」的某營養素會留在土壤中，將造成濃度過量，下雨沖刷到湖泊後，反而造成優養化，例如德基水庫中的藻華現象。

李達源估計，台灣農地共約有87萬公頃，每年卻施用約100萬噸化學肥料，單位面積用量可能是亞洲最多。他認為，現代農業應該強調「精準農業」、「合理化施肥」，並利用堆肥、微生物（如溶磷菌、菌根菌）的肥料增加磷的「有效性」，才能維持土壤的永續利用。

閱報祕書

磷製砲彈　戰爭致命武器

磷是一種非金屬化學元素，英文phosphorus中，取自希臘文的phos（光）和phoros（搬運者）。

化學符號P，原子序15、平均原子量30.97；常溫下磷是固態，呈無色、紅色或白色等形式。磷有毒，容易起化學反應。

1943年第二次世界大戰期間，用白磷製的炸彈造成德國漢堡市大爆炸，將整個城市夷為平地（鎂引燃炸彈毀掉了建築物，而在白磷助燃下，導致人們向外狂奔逃命）。即便現在，白磷製的大砲和迫擊砲殼，仍然是戰爭中可怕的致命武器。

但若是以磷酸鹽（含有PO_4^{3-}的化合物）的形式存在，磷則是維持生命所必需的元素，在人類發展史上扮演著攸關穀物生長的關鍵角色。

在歷史上，已耗盡磷肥的貧瘠土壤，數度造成了人類大饑荒。尋求以鳥糞、骨粉或其他肥料來補充缺乏的磷肥，限制了文明社會的發展。一直到18世紀中葉，人類發展出從磷酸鹽礦石提煉製造肥料的技術，磷肥不足的問題才得以解決。

備受爭議的是，磷肥須為全球人口爆炸的問題負責；但在許多地方，水（而非磷）反而是限制人口數成長的關鍵因子。

常見磷種類

純磷多以同素異形體，或是分子的形式存在。磷一般分為「白磷」（黃磷）和「紅磷」。白磷是4個原子連結起來的分子，呈淡黃色像蠟一樣的半透明固體，比重1.83、熔點44.4℃、沸點287℃，在黑暗中可以發光，有臭味和劇毒。白磷具毒性、自燃性，常在戰爭中使用，因此可視為惡魔的代言者。

紅磷是白磷的聚合物，是鮮紅色無毒粉末，比重2.296、熔點725℃。紅磷相當穩定，普遍用在火柴頂端當作點火劑。

極少見的黑磷難以製造，較無重要的應用。

鮮知先贏
都怪甲基汞 雄鳥變同志

【郭錦萍／輯譯】

同性戀的形成原因，向來莫衷一是，先天或後天形成都有人支持，不過最近美國有個研究，讓各方大吃一驚。調查發現，食物中常見的微量汞，竟讓雄性美洲白鸛鳥（Eudocimus albus）對雌鳥視而不見，只對雄鳥有性趣。

甲基汞 影響野鳥生育率

過去的研究已知甲基汞會影響野鳥的生育率。為了解甲基汞是否也影響求偶行為，美國佛羅里達大學和斯里蘭卡帕拉迪尼亞大學的學者合組研究團隊，在佛羅里達捉了160隻年輕的美洲白鸛鳥，分成四組。第一組餵食含0.3 ppm甲基汞的食物，這個濃度在美國大部分州的食品法規都視為超量。第二組餵的食物含0.1ppm甲基汞、第三組含0.05ppm（鳥類在自然環境覓食常見的濃度），第四組食物完全不含甲基汞。

結果發現，前三組鳥都出現了程度不一的同性戀行為，而且甲基汞暴露量愈高的，表現出愛戀同性的雄鳥就愈多；尤其在0.3 ppm那組，五成五的雄鳥都出現同性戀行為，即雄鳥和雄鳥同居一巢，這樣的巢數佔所有沒有生育的鳥巢的81%。

就算是吃入較高劑量甲基汞還維持異性戀關係的鳥當中，也出現了對育鳥不理不睬的行為。在計入以上的各種干擾因素後，發現整個受測鳥群的幼鳥生產率，比正常族群少了一半。

研究小組同時發現，甲基汞的確擾亂鳥的內分泌系統，公鳥的睪固酮和母鳥的雌二醇濃度都受影響。

海洋魚類 甲基汞濃度變高

至於甲基汞是否也會對人類產生相關的作用，研究小組認為，目前仍無足夠證據可以這樣推論，頂多可懷疑甲基汞對其他鳥類也可能有同樣的衝擊。他們強調，並不認為人類的同性戀是甲基汞造成的，因為如果真有這種現象，可能早就發現了。

甲基汞主要來自於空氣、海底，和流向沿海地區的地表水。在佛羅里達，汞也可能來自焚化醫療廢棄物或垃圾。有些鳥類棲息的濕地細菌會把汞轉化成甲基汞。近幾年，有不少研究發現部分海洋魚類含有甲基汞的濃度愈來愈高。

必學單字大閱兵

phosphorus 磷
adenosine triphosphate 三磷酸腺苷，簡稱ATP

chapter 11

神奇器官延展性 延續人類生命

器官延展解析

◎張嘉芳

利用平滑肌彈性　懷孕子宮「從蓮霧變冬瓜」

器官組織每分每秒持續運作，維持人體正常功能與新陳代謝，讓生命不斷延續。曾想過嗎？神奇器官利用肌肉彈力與伸縮自如的延展性，讓屏東黑珍珠蓮霧般大的子宮，懷孕時卻能撐開如大冬瓜；平時葫蘆大的膀胱，累積尿液直逼1000c.c.巨無霸冷飲，人體器官的延展性，令人嘖嘖稱奇。

皮膚可修補疤痕

子宮、膀胱、胃、男性生殖器、皮膚，各種器官延展機制其實不盡相同。基本上，子宮、膀胱與胃可歸同一類，主要利用肌肉平滑肌彈性，讓器官逐漸延展；陰莖則透過血管充血勃起；身體最大器官皮膚，真皮層可透過組織擴張器逐漸撐大及拉長，進行疤痕修補治療。

動情激素　讓細胞肥大

器官延展有沒有極限？每種情形都不太一樣。子宮是孕育生命的天地，人類如何被裝入這個神奇寶貝袋？中山醫學大學教授、婦產科醫學會前理事長李茂盛表示，女性子宮長度約5至7公分，寬3至4公分，相當於水梨或黑珍珠蓮霧大小。

不過，一旦懷孕後，受到動情激素刺激，子宮肌肉平滑肌細胞會慢慢肥大，產生足夠活動空間讓小寶寶安心生長。臨盆前的子宮長度可被撐開至36公分，寬度達15公分；如果懷三、四胞胎，長度可達到42公分，寬20公分，外觀就像顆大冬瓜。

李茂盛說：「胎兒生長與子宮擴展會達穩定平衡，這是上帝創造人類的奧妙。」他解釋，子宮在懷孕期間能夠持續延展，主要是胎盤的動情激素刺激子宮肌肉細胞慢慢肥大，使子宮容量增加。通常懷孕8至10週，胎盤才逐漸成形，受孕的前8週，多透過黃體素製造動情激素，讓子宮肥大，之後就由胎盤接手，持續刺激子宮肌肉細胞。

懷多胞胎　也不會撐破

「媽媽即使懷多胞胎，也不會把子宮撐破。」台北榮總生殖內分泌科主任李新揚表示，子宮在妊娠過程中，平滑肌細胞受動情激素刺激而變長變粗，不過，細胞數目不會因此變多。他說，子宮被撐大後，容易引起子宮收縮早產，但不會造成子宮撐破。

他強調，子宮平滑肌彈性十足，肌肉能拉得很長，耐受度極佳，

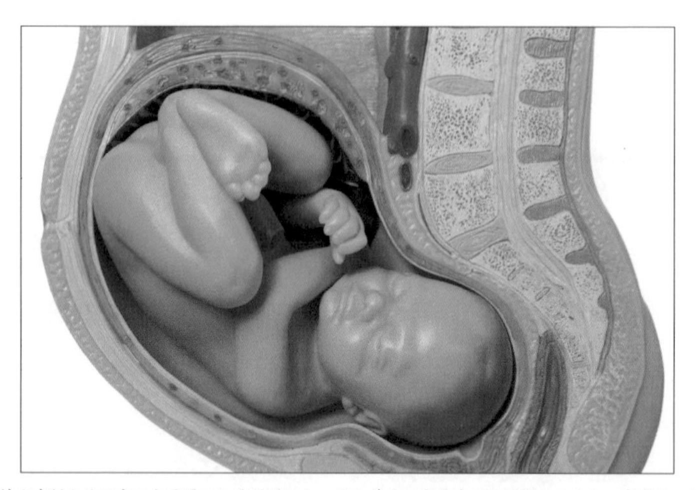

動情激素刺激使子宮肌肉平滑肌細胞慢慢肥大，臨盆前的子宮長度可被撐開至36公分，寬度達15公分。

一旦產後動情激素不再刺激，子宮會慢慢縮小，通常產後子宮幾乎與原來無異，大小僅略長約1公分。

一般而言，懷孕20至32週是子宮快速增大時期，就像坐噴射機一樣；其次是懷孕32週至臨盆的第38或39週，此時肚皮擴張速度如同搭火車；懷孕至第20週內，子宮擴展不明顯，速度就像騎腳踏車。

子宮擴張　主要往前長

李新揚指出，子宮位於恥骨直至胸骨下方的子宮頂。懷孕時，子宮雖然會往身體左右擴張，但主要仍是「往前」生長，一般懷孕子宮最長約40公分；不過，如果是多胞胎，子宮長度可達50公分。測量方式從陰毛最上緣的骨頭，即恥骨開始，並往上方、即頭部方向的肚皮中心直線量測。

子宮「內容物」為何？李新揚說，主要是寶寶與羊水，通常羊水包含胎兒尿液、胎盤排泄、胎兒身體脫落細胞及羊膜分泌物等。不少孕婦產檢常抽羊水檢查，主要是透過胎兒身體脫落細胞，瞭解是否有唐氏症或其他基因遺傳等疾病。

男性生殖器　透過血管擴展

男性生殖器陰莖與膀胱位置接近，也有絕佳延展性，只不過它的擴展方式不是靠肌肉細胞及組織彈性，而是透過血管靜脈竇關閉與動脈充血，達到勃起延展。

陰莖內有3個柱狀海綿組織，海綿體由特殊血管竇形成。台北榮總泌尿外科醫師林志杰表示，當感官視覺受刺激，會產生反應，透過神經調控使得海綿組織充血，讓陰莖變大變硬。陰莖沒有骨頭，勃起必須靠神經調控、動脈充血、靜脈竇關閉及心理等因素互相配合。

皮膚趕不上發育　生長紋上身

皮膚是人體最大器官，覆蓋身體表面凹凸起伏的各種部位，深入人體每道褶痕，若將皮膚攤平，面積約1.5至2平方公尺。皮膚沒有肌肉平滑肌細胞，透過真皮層擴張拉長，可以撐大延展。

皮膚分表皮、真皮與皮下組織，真皮層包含強韌靈活的纖維、血管、神經及感受器，基

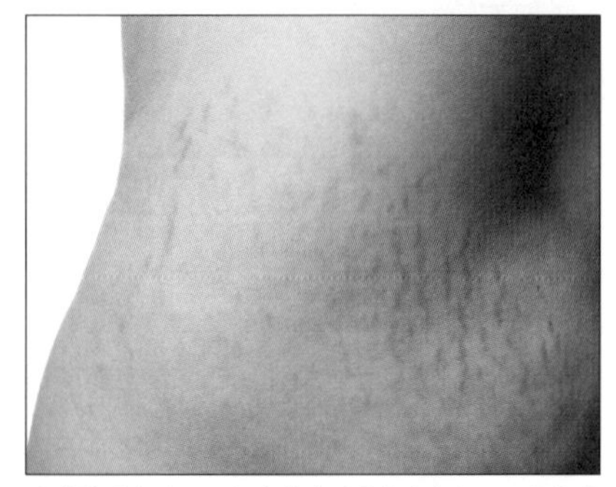

皮膚擴張力雖強，但有時體型改變速度太快，真皮裂開，亦會導致不可修補的隙縫。

本上，所有皮膚及軟組織如乳房、神經血管等，皆可擴張。

國泰醫院顧問醫師呂旭彥表示，1985年全世界發展「組織擴張法」，利用組織擴張器把表皮與真皮撐開。物理研究指出，透過擴張器能使皮膚延長3至5倍。不過，臨床實際運用不會將皮膚撐那麼大，僅擴張原皮膚的30%至50%。

肥胖紋 妊娠紋 不可修補

台北馬偕醫院整形外科醫師董光義說，「組織擴張器」是皮膚延展的重要推手，它由矽膠製成，原理類似水球，將組織擴張器埋入皮下組織後，透過注射灌水，使組織擴張器逐漸膨脹，慢慢撐大皮膚，過程中必須逐漸施予張力，皮膚活組織中的膠原蛋白與彈力蛋白才有時間生長增加，維持足夠血液循環，使養分、氧氣直達纖維母細胞。一旦組織擴張速度太快、壓力太高，恐怕將造成真皮層撐破、皮膚壞死。

他說，不少女性懷孕出現妊娠紋，是因懷孕期間皮膚擴張太快，導致真皮層中的膠原蛋白與彈力蛋白被拉扯，真皮裂開產生細縫，造成無法修補的不可逆情況。此外，青春期發育速度過快，皮膚趕不上生長速度，屁股或大腿外側也常出現白色生長紋。

組織修復 可借助周圍皮膚

基本上，皮膚在人體表面各部位厚度不同，通常眼皮與嘴唇皮膚最薄，腳底及手掌皮膚最厚，利用組織擴張器撐開皮膚時，真皮必須有足夠厚度，才不會撐破。呂旭彥說，通常以500c.c.容量組織擴張器灌水後，可撐大3、4倍，約1500至2000c.c.，例如5平方公分的皮膚，可撐大到約20平方公分大小。

目前組織擴張法除用於修復臉部胎記、痣、皮膚疤痕外，還包括乳房重建、血管瘤切除疤痕、皮膚癌及禿頭治療等。透過組織擴張，皮膚雖可能變薄，但運用疤痕組織鄰近皮膚進行修復，其外觀、顏色、質地最接近原來皮膚，兩者相似度達90%，且不易出現排斥問題。

不過，皮膚擴張過程中，一旦組織擴張器外露，容易引發感染，造成皮膚紅腫、熱痛、化膿，應特別留意。

胃難測容量　子宮彈性贏膀胱

膀胱、胃與子宮一樣，皆由平滑肌組成，彈性及延展性十足，所以膀胱能累積尿液，胃能儲存與分解食物。不過，膀胱的延展性、彈性比不上子宮，撐太大就像橡皮筋過度拉扯，可能導致彈性疲乏。此外，目前醫界仍無法計算人類實際胃容量。

大胃王容量　須經訓練

胃在消化器官中扮演重要角色，胃外層為肌肉層，內層是黏膜層，因肌肉具有彈性，可使胃如橡皮袋般脹大，能容納吃下肚的食物。

台北醫學大學附設醫院消化外科醫師王偉表示，胃的重量約數百公克，一般胃的容量約400至500 c.c.，但一項胃切除的體外實驗發現，若將生理食鹽水灌入胃中，胃容量可達2000c.c.，甚至3000c.c.。大胃王的胃容量是否比一般人大？王偉推斷，大胃王的胃容量可達6000、7000c.c.，不過，超級大胃王非一蹴可幾，通常須經過一段時間訓練，慢慢把胃撐大。

胃有傷口　難負荷暴食

吃太多食物，會不會把胃撐破？醫界至今仍無法解謎，不過，如果本身有胃潰瘍，或曾胃穿孔縫合者，因結疤組織沒有彈性，一旦暴食超出胃的負荷量，可能導致結疤組織撐大、裂開，胃潰瘍傷口復發，造成胃撕裂傷，胃將出現不規則傷口，必須緊急開刀縫合。

胃形狀如同撲克牌「J」，可一邊裝載、分解食物，一邊將東西往十二指腸輸送。一般而言，胃排空時間約2至4小時，有時需6小時，因胃同時進行食物的填充與排空，王偉說，「活人很難計算真正胃容量。」

「胃容量無法進行人體實驗。」台北榮總胃腸科主治醫師黃以信強調，每個人耐受性不同，想透過大胃王比賽來測試胃容量極限，違反醫學倫理，醫界也沒人敢做實驗。

膀胱伸縮　天然葫蘆袋

膀胱不必做實驗，已知最大容量約1000c.c.，由肌肉細胞組成的泌尿上皮組織，透過層層堆疊方式，讓膀胱具有伸縮延展力。當尿液逐漸累積，膀胱壁肌肉拉長，上皮堆疊的皺襞變平、消失，使尿袋能延伸，形成天然葫蘆袋子。

「膀胱延展性極大，尿液儲存容量從0至1000c.c.。」台北榮總泌尿外科醫師林志杰表示，膀胱排空尿液後會塌陷，大小約5公分，比雞蛋略大。不過，膀胱若脹大如圓柱體，可延長達15公分，約手掌大。

膀胱是尿液暫存處，腎臟不斷製造尿液，流至膀胱時，神奇膀胱並無感覺，經常維持低壓狀態，直到儲尿量達300、400c.c.時，膀胱壓力上升，訊息會立即傳遞大腦，產生解尿感覺。

排尿天賦　受大腦控制

值得一提的是，膀胱排尿主要受大腦意識控制，雖然胃也有肌肉組織可排空食物，不過，胃蠕動卻無法用意識控制。林志杰說，人天生即有排尿天賦，小寶寶在媽媽肚子就會排尿，只是學會用意識控制解尿行為，通常得等到2、3歲。

基本上，膀胱容量隨年紀增長變大，國小前是膀胱主要成長期，青春期停止生長。一般而言，10歲前兒童的正常膀胱容量計算公式為：（年紀＋1）乘以30c.c.，如2歲膀胱量約90c.c.。至於成人正常排尿量約300、400c.c.，但膀胱亦可撐至600、700c.c.，此時，尿急感覺非常強烈，會覺得膀胱快要脹破。1000c.c.應是極限，若無法解尿，需立即送醫導尿，並嚴防外力撞擊，引發膀胱破裂危機。

必學單字大閱兵

resilience 彈性
tensile 延展性、張力
uterus 子宮
placenta 胎盤
estrogen 動情激素、雌激素
amniotic fluid 羊水
stomach 胃
urinary bladder 膀胱
penis 陰莖
tissue expander 組織擴張器
expansion 擴張（展）
skin 皮膚
dermis 真皮
silicone 矽膠

chapter 12

戰機音爆嚇死鵝？其實只是噪音

音速震波解析

◎程嘉文

國軍漢光廿七號演習，2011年4月12日在高速公路的台南麻豆路段演練「戰備跑道起降」。不久傳出附近農民養的鵝隻被嚇死幾十隻，當地獸醫認為，「巨大的戰機音爆聲」把鵝群嚇得相互推擠踐踏，所以導致死亡。

同一時間，新竹縣竹東、北埔等地，都傳出足以震動門窗的巨大聲響，當地民眾也認為，這是新竹基地幻象2000戰機的「音爆」。對此空軍表示，由於參加演習，機群飛行路線跟以往不同，若造成民眾驚嚇，軍方表示抱歉。

「噪音」不等於「音爆」

但到底什麼是音爆？音爆會帶來什麼災情？民眾遇上的究竟是不

是音爆？

「音爆一詞常被濫用」，成大航太所教授景鴻鑫指出，很多時候民眾以為的「音爆」，其實只是巨大的噪音，不是科學上的「Sonic Boom」。

景鴻鑫指出，除了超音速飛機，在我們的生活周遭，也可能出現「音爆」。例如快速甩動鞭子、毛巾，其實瞬間速度都可達到音速，所發出的「破風」聲，或是槍械射擊產生的爆音，其實都是一種音爆。

理論上聲波會從音源成圓球形對外擴散，但當物體（航空器）的速度接近音速時，會逐漸「追上」自己往前發出的聲波，使得往前傳播的聲音，頻率愈來愈高，最後這些聲波會「擠」在飛機前部，形成帶有極大空氣壓力的「音錐」，這種壓力變化也就是「震波」（Shock Wave）。

這道壓力波向旁發散，就形成一道瞬間壓力變化的「牆」，一旦「撞上」這堵牆，不管是人或物體，都會感到震動，這種現象就是「音爆」。

12

超音波飛行　一開始完全聽不到

震波是超音速飛行的典型特徵。一般而言，飛機的音爆會在0.8馬赫（Mach，一倍音速為1馬赫）的「穿音速」階段開始發生，因為當飛機飛到0.8馬赫時，機上部分地方（例如翅膀的上翼面）的空氣流速已經超過音速，這時會產生巨大的壓力差，化為向外發散的壓力波。其實聲波與壓力波是同一件事情：聲波是很弱的壓力波，而壓力

2011年4月國軍在國道演習，吸引大批媒體、民眾圍觀，但當地農民抱怨，音爆嚇死家禽，軍方則態度保留。資料來源／聯合報

波是很強的聲波。

因此若一架飛機以低速（低於穿音速）低空飛過，因為聲音比飛機快，地面上的人會先聽到飛機聲，但由於飛機不斷接近，所以不但音量從無到有、愈來愈大，音頻也會愈來愈高；等到飛機越過頭頂，不但音量減小，頻率也會逐漸降低。

但如果飛機以等同音速或超音速的速度飛過，一開始地上的人完全聽不到聲音，直到被壓縮的壓力波「牆」撞擊，這時不但會聽到一聲打雷般的「砰」短暫巨響，如果距離夠近，還會明顯感覺到衝擊的力量。等到音爆過去，才會聽到飛機發動機的聲音，隨著距離拉遠而逐漸降低音量與頻率。

飛機穿裙子　穿音速導致

漢翔航太發言人李適彰指出，飛機在穿音速狀態時，有時會在機身旁出現類似裙襬散開的「普朗特—格勞厄脫凝結雲」（Prandtl-Glauert condensation clouds），非常壯觀。這是因為當機首形成巨大空氣壓力的「音錐」時，在音錐的「表面」（物理學上的「波前」，wavefront）後方，反而會出現一段壓力低於大氣壓力的空間。如果空氣濕度夠，水氣就會因為降壓而驟然凝結為極細小的水珠，形成「雲霧」。隨著飛機通過，氣壓回到正常，水珠就從液態再度變成水氣，凝結雲也就消失，因此形成飛機「穿上白裙子」的畫面。

音爆造成的傷害

如果一架飛機以穿音速甚至超音速從旁掠過，其所產生的壓力波，的確可能對建築物造成嚴重傷害，甚至可能令人重傷或死亡。同樣的道理，如果高速揮動的鞭子，緊貼著一隻螞蟻掃過，即使鞭子並未擊中螞蟻，但只要距離夠近，它仍可能被鞭子揮動的震波給震死。

各種超音速飛機產生的震波強度不同，一般而言在1至2哩之內都可能具有相當破壞力。因此各國政府都禁止飛機在人口稠密區上空超音速飛行，至少必須限制在相當的高度，使得震波傳到地面時，已經因為能量消散而只剩下聲音。

李適彰表示，以台南麻豆的案例而言，戰機在當地進行起降，其實速度相當慢，絕對不可能出現「音爆」。但對平常不習慣噴射機巨大噪音的鵝隻，的確可能因驚嚇而死亡，但絕對不是被衝擊波「震死」。民眾或許不習慣龐大噪音，才會誤把噪音叫作音爆。

至於新竹等地發生的巨大聲響，空軍司令部政戰主任潘恭孝指出，目前戰機限制於在預先劃定的訓練空域，才能進行超音速飛行，這些空域都位於海洋或中央山脈上空，而且設有高度的下限。即使軍方舉行演習，飛航路線與平日不同，但仍會避免在平地城鎮上空進行超音速飛行。民眾感受到的巨響，可能是一般的「噪音」，還不到「音爆」的地步。因此空軍的回應是對「噪音擾民」感到抱歉，並未承認是「音爆」。

但對於在台灣附近海域作業的漁船，或是攀爬高山的登山者，就常有突然被音爆「轟」到的機會。

根據空軍官員表示，的確曾有漁民抱怨，常被空中突然傳來的巨大震動嚇一跳，甚至有時會把魚群驚走。

科學新知

發動機灌氣馭震波　超音速飛行終成真

物體高速飛行時產生的震波，最早在1878年由奧地利物理學家馬赫（Ernst Mach, 1838-1916）觀察記載，後來為了紀念他，音速的單位就以「馬赫」稱之。

隨著20世紀初萊特兄弟發明飛機，幾十年下來飛機愈飛愈快。但在螺旋槳戰機的末期，以及初期噴射機時代，人們發現飛機接近音速時，飛機前方「擠出」的震波，使得阻力加大，飛行變得不穩定，因此有「音障」（Sound Barrier）一詞出現，認為很難突破音速。

直到1947年，美國空軍試飛員葉格，利用一架火箭動力的X-1實驗機，達到突破音障的目標。

初期超音速機型　問題多多

科學家從X-1的經驗發現，「音障」基本上是阻力相對極大區，通過音障以後，理論上阻力會突然下降，速度或加速度都會迅速變高。之所以強調「理論上」，是因為飛機超音速之後，會有其他的問題：因為飛機超過音速之後，機翼升力的中心會猛然往後移動，可能會導致機鼻上揚。

對於一般直翼或後掠翼的飛機來說，這種重心移動還不是太危險，但對三角翼飛機而言，因為翼弦（機翼前緣到後緣的距離）很長，因此重心移動幅度很大，機鼻上揚情況就非常劇烈。

1950年代美國海軍的兩種三角翼戰機，XF2Y海鏢式（Sea Dart）和F4D天魟式（Skyray），都面臨嚴重的機鼻上揚，甚至往往造成飛機當場解體：最後海鏢式放棄生產，天魟則限定不得超音速飛行。後來的設計師汲取教訓，才使得三角翼超音速戰機成為可能。

不過科學家學會駕馭震波之後，便利用它使飛機性能大為提升：例如超音速飛機已經問世超過一甲子，但噴射發動機吸入的空氣，仍須保持在次音速；如果超音速氣流直接「灌入」發動機，反而會使其失效。因此超音速噴射機的進氣道設計，都會製造一到多道震波，讓以超音速衝入機身進氣口的空氣，在到達發動機時，已經減速到1馬赫以下，使發動機「吞得下去」。

同時由於氣流的減速，也使得壓力上升，如此一來更提高進入發動機內的空氣量，使得燃燒推力更大。

例如國軍現役的幻象2000，或是過去的F-104戰機，進氣口突出的半圓錐體，就是「震波錐」。當超音速飛行時，氣流會被這個錐體激出一道斜震波，與進氣道唇緣產生的正震波，共同達成減速加壓的效果。其中幻象2000的進氣錐甚至可在不同速度下前後移動，來保證最佳的震波狀況。而經國號與F-16，則採用較簡單的橢圓形進氣口，以進氣道的正震波來減速加壓。

超音速飛機　外型即可判知

觀察一架飛機的外型，就可判斷是否能夠超音速。例如一般次音速民航機，不必困擾音障的問題，所以機翼與發動機進氣道的前緣，都設計成圓鈍狀；發動機前端的壓縮器葉片，也可從前方直接看到。

這樣的設計，代表即使施以外力「硬推」，機身前緣也會產生極大的阻力，甚至發動機都將因為超音速氣流直接灌入，而導致熄火。

另外，震波甚至可以轉換為升力：例如1960年代初期，美國研發的XB-70女武神式（Valkyrie）超音速轟炸機，為了達到3馬赫高速飛行的目標，就運用了「壓縮舉升」（Compression Lift）的觀念。

XB-70採用三角翼，六具發動機的進氣口裝在機翼下方，在超音速時，進氣口會產生強烈的震波，使得整架飛機等於「騎」在高壓震波上。如此一來，機身下方氣流的壓力遠超出上方氣流，壓力差也就化為強大的升力。

鮮知先贏
黑洞渦線　扭曲時空力量

【郭錦萍／輯譯】

談到黑洞和時空的關係，根據愛因斯坦的廣義相對論，旋轉中的黑洞會扭曲它周遭的時空，而使經過該處的光線路徑也跟著扭曲。這些形容大家耳熟能詳，但實際是怎麼個扭曲法？最近物理學家結合理論物理及電腦計算模擬，推算出當兩個黑洞碰上時，會對周圍的空間造成哪些影響。

這項研究結論是由美國加州理工學院、康乃爾大學、南非國家理論物理研究所的學者共同完成，他們為了說明黑洞現象，以渦線（Vortex）及Tendex線為理論工具。

研究者解釋，渦線代表了時空中扭曲的力量，任何東西若被丟入其中，就會像濕毛巾被扭乾時的狀況，Tendex則代表著被拉長、延伸或擠壓的力量。

研究者也形容，人類過去對宇宙認識淺薄，好比「只見過風和日麗的海洋，從未見過掀起滔天巨浪的大海」，對宇宙間風暴式的扭曲時空過去其實一無所知。黑洞碰撞就是這類的宇宙風暴。

過去科學家可以算出一個安靜黑洞可能有多少能量，現在則借助了超級電腦的大量運算，物理學家開始可以拼湊出，黑洞合併時所可能產生的渦線及Tendex線等現象，而且當合併過程不同時，也會出現不同模式。

例如，若兩個黑洞是正面相撞，會迸射出像甜甜圈狀的渦線，若是螺旋狀合併，可能會產生完全不同的渦線。相關的研究，刊登在2011年4月11日的Physical Review Letters的網路版。 資料來源／每日科學

● 依據愛因斯坦在1915年提出的廣義相對論，質量巨大的物體會造成宇宙扭曲，並強迫周圍的物體向它靠近，所以只要重力夠大，不但會扭曲空間，也會扭曲時間。

必學單字大閱兵

drag 阻力
lift 升力
supersonic 超音速
transonic 穿音速
shock wave 震波
condense 凝結

chapter 13

珍貴樹蕨瀕滅絕 疫情全台肆虐

蕨類植物解析

◎黃福其、張祐齊

近年大面積凋亡　筆筒樹最嚴重

名列華盛頓公約二級保育物種的幾種台灣大型樹蕨：筆筒樹、台灣桫欏及鬼桫欏等，近年出現大量枯萎並凋零死亡現象，其疫情以筆筒樹最嚴重，災情從北到南蔓延肆虐，樹蕨族群面臨滅絕危機。農政單位、學術界紛紛投入調查研究，希望遏止疫情擴散並挽救這些珍貴植物。

原始樹蕨　國寶活化石

樹蕨（桫欏科，Cyatheaceae）植物的演化歷史，可回溯至中生代侏儸紀晚期（距今約1.45億年前），由於外觀保留祖先的原始形態特徵，因此有「活化石」之稱，許多國家均以國寶珍視之。

據美國密蘇里植物園的最新統計，全世界桫欏科植物共有458

宜蘭縣蘇澳山區筆筒樹大量死亡，其間夾雜少數植株存活的情形。　照片／黃曜謀提供

種。台灣原生的桫欏科植物有7種，皆屬華盛頓公約附錄二所列的保育物種，以俗稱「蛇木」的筆筒樹最常見，歐美人士視其為「綠寶石」；其次是台灣桫欏、鬼桫欏，最少見的是台灣樹蕨、韓氏桫欏、南洋桫欏及只生長在蘭嶼的蘭嶼筆筒樹。

疫情擴散　建通報機制

自2006年起，學者發現台灣的筆筒樹成群死亡，且疫情由北而南擴散逐年惡化；林試所2010年開始提撥經費，由研究員黃曜謀、傅春旭等投入調查、研究與防治，2011年更建立全台通報機制，從疫情最嚴重的新北市開始防治。

死亡比例在土城山區達87%　元凶待驗證

據黃曜謀2008至2010年所做的全台調查，這波感染樹蕨的未知疫病在台灣自北而南肆虐、甚至蘭嶼的筆筒樹都難逃一劫，死亡比例以新北市土城山區87%最高，北市富陽生態公園及陽明山公園約七成、宜蘭縣金面山約三成、新竹橫山約五成三、南投蓮華池約兩成、屏東壽卡約百分之五，而台東縣蘭嶼約一成一。

莖幹腐爛　萎凋病作怪

黃曜謀說，罹病樹蕨一開始是葉子先枯萎，新芽緊接著枯萎，最後頂端腐爛，縱切髓心呈現黑褐色，從發病到死亡約一星期至一個月不等。

解剖發現，當病原體侵入莖幹（樹幹）時，會破壞髓心及維管束組織，莖幹中心組織褐化腐爛，維管束喪失輸送水分及養分的功能，

桫欏科植物的分布

種類	世界分布	台灣分布	保育等級評估
蘭嶼筆筒樹	菲律賓、台灣	僅存於蘭嶼	易受害
韓式桫欏	日本、台灣、中國（浙江、福建、江西等地）	廣泛分布於全台低海拔山區	接近威脅
南洋桫欏	台灣、菲律賓、北婆羅洲	侷限於花蓮、台東、屏東少數山區	接近威脅
筆筒樹	日本、台灣、中國（福建）、菲律賓	普遍分布於低海拔山區	安全
台灣樹蕨	日本、台灣、中國（福建、廣東、貴州等地）	普遍分布於低海拔山區	安全
鬼桫欏	日本、台灣、中國（浙江、福建、江西等地）	普遍分布於低海拔山區	安全
台灣桫欏	尼泊爾、印度、孟加拉等地	普遍分布於低海拔山區	安全

資料來源／林業試驗所黃曜謀　　製表／張祐齊　　■聯合報

整棵植株也就難以存活，林試所研究團隊將這種未知疫病稱為「萎凋病」。

除筆筒樹罹患萎凋病，台灣桫欏、鬼桫欏亦出現同樣的病徵。

為了搶救這些台灣國寶，多所大學及辜嚴倬雲植物保種中心都投入研究，各團隊從病株分離出數百種病原體，其中包括細菌、真菌、線蟲、象鼻蟲等各種可能的病原體，但迄今都無法通過「柯霍氏法則」驗證出何者為戕害筆筒樹的元凶。

方舟計畫　防樹種滅絕

目前林務局除了撥款給縣市政府，打算砍除死株並銷毀以防疫情擴散，也打算投藥滅菌，不過有些學者認為不宜濫用藥物。林試所還打算採取過去不曾使用的方式，為染病植株樣本大規模「掛牌」、逐步記錄、進行系統性調查，建立經驗值及數據。

因為惡疾難治，為避免這些珍貴植種滅絕，研究人員陸續蒐集成熟健康的蕨類孢子保存。

這項稱為「方舟計畫」的國內蕨類孢子蒐藏作業，已儲存335種1603植株孢子，存放在4℃的孢子庫內，必要時可取出孢子進行人工繁殖與復育。

感染點開門者　象鼻蟲嫌疑大

官方、學界紛紛投入調查樹蕨染病的病因，各種致病「假說」包括病菌、蟲害、多種病蟲害複合感染，或棲地過度開發、全球暖化及環境變遷等紛紛被提出討論，至今仍難以定論。

調查「筆筒樹萎凋病」多年的林試所研究員傅春旭說，2006年發現新北市土城山區筆筒樹大量枯死，翌年從病株組織切片及培養發現菌核病菌。當時大膽假設是菌核菌孢子透過空氣飛散傳播，引起筆筒樹大量死亡。

但後來的觀察發現，筆筒樹的發病態勢雖可越過山谷、溪流，發病區域內仍有健康植株在枯死的筆筒樹間存活，與「松材線蟲萎凋病」以松斑天牛為媒介散佈發病的模式類似。

林試所研究團隊因此懷疑，過去各種疑似病原菌，可能只是筆筒樹保衛機制遭破壞後才進入的菌種，因此研究人員開始注意感染點的「開門者」以及「媒介者」。

實際蟲害 媒介仍不明

傅春旭說，2010年8月在新竹林區採樣時，首度觀察到部分枯萎的筆筒樹頂端出現啃咬入侵痕跡，推斷可能有蟲體媒介危害筆筒樹。而後又在土城樣區筆筒樹上採得蟲體羽化孔，推測可能是很小的蟲體，破壞筆筒樹的防禦機制。

2011年2月9日，在羅東長嶺苗圃一棵筆筒樹頂端綠色組織上發現約0.4公分的象鼻蟲，並在象鼻蟲經過的蟲道上採獲以往病株上採集到的真菌。兩天後，長嶺苗圃一棵剛枯萎筆筒樹綠色組織頂端，亦發現同樣的象鼻蟲。3月2日，陽明山天蕊農莊也發現同樣的象鼻蟲。

發現的象鼻蟲經農試所研究人員李奇峰博士鑑定並轉送日本專家複鑑，初步確認是新種。但日本專家認為象鼻蟲只會出現於已死植株，不可能出現在存活的病株。

13

筆筒樹罹患萎凋病之後，整株枯死。　　照片／黃曜謀提供

植物病蟲害調查　費時多年

傅春旭說，大自然非常神祕且複雜，調查植物病蟲害極不容易。例如1905年日本有大量松樹死亡，松樹在日本是廣為種植的重要樹木，日本政府高度重視，投入大量人力及經費，至1971年才正式確認是松材線蟲引起、由松斑天牛傳播的病害。歷時六十六年的調查研究，曾發生的爭論、懷疑的致病因子都不少，須花費大量時間及資源

健康筆筒樹莖幹橫切面。 照片／黃曜謀提供

罹患萎凋病的筆筒樹莖幹橫切面，可明顯看到核心組織褐化腐爛。 照片／黃曜謀提供

投入，才有機會揭開大自然的神祕面紗。

他強調，日本研究松樹的人很多，投入資源也多。但台灣對筆筒樹的了解很少，對相關環境生態仍陌生，要查明病因、有效防治，須投入更多時間及資源方能竟其功。

萎凋病衝擊　生態影響難測

筆筒樹萎凋病除造成筆筒樹大量死亡，對台灣自然生態將形成何種程度的衝擊？黃曜謀、傅春旭兩位博士都表示，目前很難評估。

林試所蕨類孢子庫，累積儲存335種1603植株孢子，其中包含七種桫欏科植物，必要時可取出培植，避免物種滅絕。 照片／黃曜謀提供

黃曜謀說，桫欏科植物雖被視為「活化石」，但國內外有關桫欏科植物的生態

調查很少，目前尚無法完全了解其生態角色。

他曾搜尋國內外資料，發現除了台灣，其他地區大型樹蕨都不曾有類似大量萎凋的情形，台灣可能是「樹蕨萎凋病」的首例。

傅春旭博士也說，若是「菌核病」作祟，除感染樹蕨，也會感染山蘇等食用蕨類作物，連洋蔥、蔥、李、蘋果、滿天星、芹菜、牛蒡、桑椹等蔬果都難逃菌害。不過經柯霍氏法則接種試驗，都無法完成驗證，因此菌核病危害之可能幾乎已可排除。

科學知識家
柯霍氏法則（Koch's Postulates）

又稱亨勒－柯霍法則，用以建立疾病和微生物之間的因果關係。是由發現炭疽病病因、結核病菌的羅伯特・柯霍博士，在1884年與勒夫勒共同把理論公式化，並於1890年由柯霍獨立修正後公布，以此為基礎，建立炭疽和結核病的致病過程推理。

柯霍氏法則判定病原的4個步驟：

1. 在病株罹病部位常發現可能的病原體，但不能在健康個體中找到。
2. 病原菌可被分離並在培養基中培養、記錄其各項特徵。
3. 純粹培養的病原菌應接種到與病株相同品種的健康植株，並產生與病株相同的病徵。
4. 接種的病株上，以相同的分離方法應能再分離出病原體，且其特徵與由原病株分離者應完全相同。

必學單字大閱兵

pteridophyte或fern 蕨類
endemic specie 特有種
living fossil 活化石

13

chapter 14

地震即時預警　手機簡訊救命

地震預警解析

◎彭慧明

傳統地震都是用廣播警告，但時效性不理想。　資料來源／聯合報

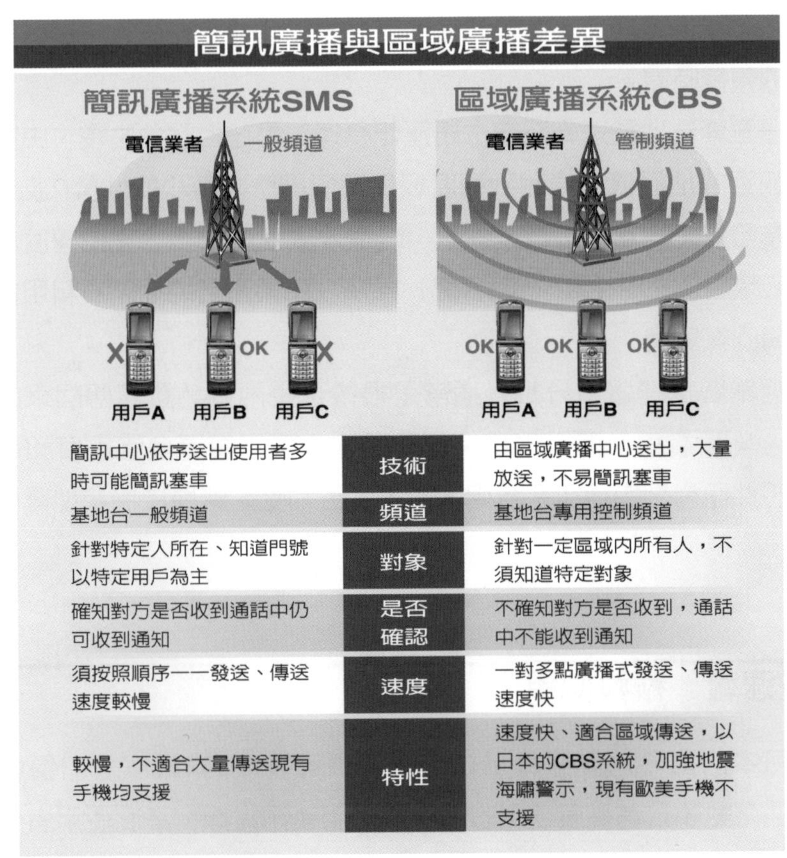

簡訊廣播系統SMS		區域廣播系統CBS
簡訊中心依序送出使用者多時可能簡訊塞車	技術	由區域廣播中心送出，大量放送，不易簡訊塞車
基地台一般頻道	頻道	基地台專用控制頻道
針對特定人所在、知道門號以特定用戶為主	對象	針對一定區域內所有人，不須知道特定對象
確知對方是否收到通話中仍可收到通知	是否確認	不確知對方是否收到，通話中不能收到通知
須按照順序一一發送、傳送速度較慢	速度	一對多點廣播式發送、傳送速度快
較慢，不適合大量傳送現有手機均支援	特性	速度快、適合區域傳送，以日本的CBS系統，加強地震海嘯警示，現有歐美手機不支援

圖／電信業者提供　製表／彭慧明　■聯合報

日本經驗　各國跟進

日本發生強震的畫面傳送到全世界，讓世人震驚的除了災難無情外，更見識到日本災難預警系統的效率，與民眾避難的秩序。

地震中，日本氣象廳的緊急地震速報系統（Earthquake Early Warning, EEW）在地震發生後、衝擊陸地前的幾秒鐘到幾十秒鐘預先告知民眾趕快做好應變準備，讓國內很多民眾都印象深刻。這套系統無法「預告地震」，主要是在地震發生後「速報」民眾，提供民眾少許的預警時間。

這套緊急地震速報系統主要運作原理，是在地震發生後，由距離震央較近的地震儀先偵測到速度較快、但破壞力較小的地震P波，得知地震發生，地震儀以電波送訊，以電波每秒鐘30萬公里的速度，比地震破壞主波S波（每秒約4公里）更快，將偵測到的地震資料用電氣信號傳回氣象廳。

經電腦快速運算分析（通常是根據至少兩個地震儀傳回來的資訊），判斷震央位置及規模，估算將會受到影響區域的震度和時間後，將此訊息經由通訊系統傳送出去，告知受影響區域民眾地震即將到來。

地震速報　秒秒必爭

日本的緊急地震速報系統，針對預計震度為4級以上的區域通報，通報對象分為高度使用者及一般使用者兩大類。高度使用者如捷運、電廠、瓦斯公司、醫院、學校、工廠等，有專用地震速報接收設備，利用網路或專線接收來自氣象廳的示警訊息。一般使用者則是指包括收音機、電視、各地消防單位、手機電信業者等。

NHK電視台收到地震速報訊息後，會馬上自動在電視畫面上插播。從氣象廳發送地震速報訊息，一般而言，可在1秒內由專用接收設備收到。

而手機電信業者從氣象廳收到訊號，會利用區域廣播服務（Cell Broadcast Service, CBS）之技術，將緊急地震速報訊息以簡訊型態送到指定區域的基地台一起發送，該區域能夠支援CBS功能的手機就可以同時接收到。電信業者從接收到氣象廳速報訊息到發送給用戶手機，大約需要10秒鐘，民眾預先反應時間可說是「秒秒」必爭。

地震簡訊發布　原理類似廣播

電信業者指出，雖然區域廣播服務的內容，所呈現的也是簡訊形式，但技術上仍有很大差異。

以採用LBS技術的一般簡訊服務來說，當A用戶發出簡訊，主要由行動通信網路內之簡訊中心（SMSC）控制發送。基地台走一般控制頻道，依照用戶服務的順序依序為用戶發送，也會依照用戶要求一一發送給指定的接收者。

簡訊是收費服務，電信業者要準確傳送到用戶所在的位置，也會通知送信者簡訊是否正確發出、對方是否確定收到，才能向送信者收費。

這項服務必須依序發送，不但使用者要排隊，簡訊收件者多時，也要照順序發送，因此速度較慢，但可傳的內容較多，每則簡訊可以輸入70個中文字或160個英文字。

若要以即時、大量接收、快速的標準，仍以CBS技術為主。

CBS是以區域傳播技術為基礎，由行動通信網路內的區域廣播中心，以專用控制頻道，即時廣播傳送給指定區域內的不特定用戶。

這種發送簡訊技術，就像一般聽廣播的效果，開機轉到相同的頻道都可以聽到同樣的節目。發送這類簡訊，因為以廣播方式發出，送信者不須知道特定對象，也不需要確定對方是否都收到，訊息長度每則限定在90個英文字或40個中文字，通告內容例如告知收信者馬上採取避難措施等急迫性訊息。

CBS區域廣播服務最大的優點，因為是廣播式，所以速度非常快，幾乎不會受到網路壅塞的影響。

手機太智慧　反而行不通

不過現在最大的問題是，CBS設定有點麻煩，且支援CBS的手機比率不高。

近年來智慧型手機在台灣大熱賣，但以最夯的iPhone為例，不支援這項技術，而許多手機廠商的產品也不支援。

日本為了發揮災害示警成效，特別修改CBS技術規格，地震示警由系統送出的CBS訊息必須能加以區別，不和其他類別災害示警混淆，手機接收、辨認是地震示警後，訊息會「彈出」在螢幕，發出極特殊的聲音和振動，不必看手機，視障或聽障或正常人感受聲音或振動馬上知道。

這種鈴聲手機廠商不可自行更改，手機用戶也不可設定作為來電鈴聲，規定非常嚴謹。目前歐洲、美國也正在發展類似之公眾示警系統（PWS）。

新聞辭典

・緊急地震速報系統（Earthquake Early Warning, EEW）

日本氣象廳建置，應用於地震警報。以無線電波及有線網路兩種發送緊急訊息，可稱為地震示警系統，但無法預測尚未發生的地震。

地震警示系統

地震預警系統

公眾示警系統

中央氣象局

地震儀

地震儀

地震

S波

P波

1 至少有2個點偵測到訊號

2 地震預報資訊（震央、強度）

3 警示趕快避難

■聯合報

國實院地震研究中心用地震屋，研發即時警報系統。
資料來源／聯合報

主要是地震災害來臨時間極為短暫，地震警報著重於迅速警示用戶，在破壞性地震波到達前通知民眾採行應變措施。

・海嘯示警系統（Tsunami Warning System）

當海底地震發生時，可能會引起海嘯。海嘯示警系統係利用海嘯警報系統測報資訊，作為海嘯行為分析資料來源。

上述兩個系統結合，成為地

震海嘯警報系統（Earthquake Tsunami Warning System, ETWS），提供公衆示警系統資訊。

・公眾示警系統（Public Warning System, PWS）

由政府部門規劃、制定規格及整合、測試、電信業者配合建置提供，藉由行動通信網路傳遞各種警報訊息。

預計2011年10月啟用

台灣地震系統，可增20秒預警時間

面對天災，先進國家都試圖建置緊急通告用的公衆示警系統（Public Warning System, PWS），由政府部門規劃、制定規格，藉行動通信網路傳遞各種警報訊息。

重要的是，為了避免誤報，警示資訊一定是透過官方單位（如日本的氣象廳）統一發布資訊，不可由媒體或電信業者自行發出通知。

日本所建置的地震海嘯警報系統（Earthquake Tsunami Warning System, ETWS），專責於地震海嘯警報功能，要求更短訊息傳遞時效，屬公衆示警系統之一。

台灣第一套設在外海的地震觀測系統，在宜蘭外海鋪設45公里海底地震電纜，3月底舉行海底電纜登陸儀式，預計2011年10月啓用後，將可以增加10到20秒的地震預警時間，和5到10分鐘的海嘯通報時間。

國家地震工程研究中心副主任許健智指出，目前大多數的地震無法預警，有人認為台灣的地震震央多半離陸地很近，地震發生後，台灣民眾根本無逃難時間，但他認為「沒有那麼悲觀」。

他指出，國家地震工程研究中心、國家高速網路與計算中心和中央氣象局共同合作研發地震警報的整合型系統，若以九二一大地震為例，震央當然會直接受影響，但現有技術，已可以讓台北地區估計可多出半分鐘應變逃難。

這套海底地震儀觀測系統，透過電纜提供電源和即時傳輸資料，將外海地震的監測包含在現有地震觀測網內。增強對強地動觀測網與即時警報系統的可信度，有效提供防災與救災時間，亦可加強對外海地震與海底山崩所引起海嘯的監測，甚至可監控宜蘭外海與緊鄰台灣的南沖繩海槽的海底火山活動。

示警系統　相關法律須制定

美國公眾示警系統從2006年WARN Act法案開始，由政府訂定標準，要求電信業者、設備供應商及手機業者配合研發。公眾示警系統由業者選擇自願參加，美國電信業者及手機業者並未全部支援示警系統。

根據規範，美國公眾示警系統，警報訊息須包含完整的應變措施，如通知威脅公眾健康或安全的情況，提供適當的採取行動指示，危險情況已經結束或已被控制住等等通知。在傳遞訊息時，阻塞率為2%，平均用戶通話時間為60 秒，即使話務繁忙也會發出警報訊息。

以過去美國部分地區因颶風產生洪水警報為例，公眾示警系統之警報訊息會提供三種洪水相關的訊息（如洪水預警、現狀損害，及相關之緊急應變設施），要求民眾撤離。

不過，專家也指出，因為通報的都是重大緊急訊息，日本、美國除了嚴格制定警報資訊發布的內容規格，也有相關法律，給予電信、電視等業者免責權，以免民眾責怪業者發布訊息造成驚慌，反而要求賠償。

14

chapter 15

太空來的音樂　原來是電漿波

太空聲波解析

◎李承宇

神祕詭譎的嗡嗡聲，連綿不絕……襯著黯黑無垠的外太空景象，一股深沉的孤寂感襲來。此時，弦樂四重奏柔和的旋律漸入，把人的

圖為土星照片。有名的時尚品牌便以土星形象設計出其最為知名的飾品Logo。

思緒從虛無的太空，拉回到國家音樂廳。

《太陽光輪》（Sun Rings），一齣以「太空聲音」為主軸，結合弦樂四重奏譜成的音樂作品，2011年春天在國家音樂廳上演。由美國太空總署（NASA）提供的太空聲音、影像，搭配極簡音樂，科學與藝術的結合，除了帶給人心靈無比的寧靜，也讓人反思，人類在宇宙中的定位。

沒有空氣　太空聲波從哪來？

聲波需要有空氣作為傳導介質，但太空中沒有空氣，為何會有聲音？中研院天文所工程師顏吉鴻解釋，所謂的「太空聲音」，並不是直接記錄下聲波，而是將太空船航海家1號、2號等太空船收錄太空中的電漿波頻率，轉換成人耳可以聽見的聲音。

電漿是物質在固態、液態、氣態之外的第四態，當氣體分子受熱解離成帶電粒子而形成。電漿是離子、電子及中性原子或分子的集合體。太空中充滿了電漿，地球大氣層的電離層、太陽本身，都處在電漿狀態。

電漿波奧祕　尚待深入研究

近五十年前，美國愛荷華大學物理暨天文系教授古奈特（Donald A.Gurnett）研發出電漿波接收器，他和電漿波研究團隊主要研究太空中的電漿波和無線電波，四十年來，有超過兩個太空計畫利用電漿波接收器進行實驗，包括航海家1號、2號、伽利略號等。目前研究團隊正在建置木星探測太空船Juno上的電漿波接收器，Juno預計2011年發射。

在充分受熱的情況下，電漿中的電子、離子會處於震盪平衡狀態；然而當這種平衡狀態被擾亂，帶電粒子會形成電磁場，而電子經擾動後則會進行簡諧運動。測量受擾動電漿的電場，可以觀察到特殊的共振頻率，稱為「電子電漿頻率」（electron plasma frequency），進而可知電漿的電子密度。

蒐集太空中的電漿波，主要目的是測量電漿的頻率，以了解電漿的特性，諸如電漿密度、穿透電漿的磁場效應等。

1962年，古奈特的研究團隊第一次發射電漿波接收器到地球軌道上，他們除了發現研究數據，更驚訝於將電漿波轉換成人耳能聽到的聲音。高空閃電可能會造成的電漿波擾動頻率，聲音像哨聲；記錄器從木星也收錄到太陽高速電漿流（太陽風）所形成，聽起來像飛機穿越音速的音爆。

顏吉鴻也表示，天文學家並沒有發現哪顆行星或太陽系中哪個位置，會有某種特定的聲音，將電漿波頻率轉換成人耳能聽到的聲音，只是想用一般人更熟悉的意象，讓大家了解太空中的電漿波。

行星位置　天文學家看到樂理

太空與音樂的關係，四百多年前的科學家克卜勒在談；1977年史蒂芬．史匹柏導演的科幻電影《第三類接觸》也在談。

在電影《第三類接觸》中，地球人跟外星人溝通的方式，是用五個音符。1619年克卜勒在《世界的和諧》書中，提出行星運行到不同位置，跟太陽距離的比值，跟音樂上的音階若合符節。

太空聲波規律　音樂家有感覺

兩廳院企畫行銷部經理李惠美指出，《太陽光輪》中從太空蒐集到電漿波轉換的聲音，有的只是一連串單調的嗡嗡聲，對受傳統音樂訓練、講究旋律的音樂家而言，可能被視為「噪音」，甚至有「這是音樂嗎？」的質疑。

不過她表示，還是有音樂家能夠從這些一般人認為是噪音的聲音中，找出太空聲音的規律。她說，有時候國家音樂廳的空調調低，發出不同於平常的振動聲，傳向舞台，一般人可能沒感覺，但聽力靈敏的音樂家卻感覺得出來。

15

天文與音樂間關係　近代科學未有定論

作曲家泰瑞・萊利（Terry Riley）以極簡的音樂風格，以弦樂四重奏搭配太空聲音。李惠美說，對現代音樂而言，什麼聲音都可以是材料；單調的太空聲音很適合音樂極簡主義簡潔、重複樂段的風格。

古早的科學家就已經在找天文與音樂間的關係。四百多年前，提出行星三大定律的天文學家克卜勒就試圖將行星運行到不同位置，相對於太陽距離的比值，拿來跟樂理比較，發現真有相關的地方。舉例而言，像是地球在近日點和遠日點間的比值，是一個半音的頻率變化（16／15）；金星則是一個升音的頻率變化（25／24）。

不過克卜勒的年代天文觀測沒有這麼精確，算出來的比值只是近似值，所以看起來好像符合音樂樂理；後世科學家實際精確測量後，並沒有真的找到兩者的相關性。

太空船測太陽風速：趨於零

已經發射三十三年的無人太空船航海家1號，上面也裝載了電漿波接收器。NASA2010年底宣稱，航海家1號已經接近太陽系的邊緣；如何得知，也與電漿的偵測有關。

太陽會射出超音速的帶電粒子流（電漿），俗稱「太陽風」，可以到達一個叫「太陽風頂」的邊緣地帶，然後太陽風就會急遽減速。科博館館長、台大天文物理所教授孫維新解釋，太空船偵測電漿波，也有觀測太陽風延展範圍的目的。

太陽系邊界　由太陽風速可判別

他說，當太陽風的勢力漸減，到與銀河系中星際物質相當的臨界點，可以視為太陽系的邊界，「因為太陽風的影響所及，象徵太陽對整個太陽系的掌控範圍。」航海家1號目前距離太陽約108億英里，偵測到太陽風的速度趨於零。

NASA科學家表示，當太陽風的帶電粒子打到航海家1號表面，測得的速度若與航海家1號航行的速度相同，科學家則判定太陽風速度為零。

2010年6月科學家就發現這個現象，那是在太空船距太陽106億英里遠的地方。但NASA的科學家為了獲得更準確的證據，又多觀測了4個月的數據才確認。

分析航海家1號所測得的太陽風速度，從2007年8月開始，太陽風每年的速度遞減率約時速45000英里。NASA科學家認為，航海家1號目前並未完全脫離太陽系的範圍，預測大約還要四年，這架太空船才會完全脫離太陽系。

鮮知先贏
石英可以預測地震？

【郭錦萍／輯譯】

3月11日日本遭遇世紀大震，讓科學界也為之震撼，各方都想找出有什麼方法，可以更早預測地震發生的時間或地點。國外有一組研究團隊發現，地底的石英礦脈，可能有助預測地震或火山爆發。

這項研究是由英國倫敦大學和美國猶他州立大學的學者合作進行。他們發現，斷層線出現的地方，都會有豐富的石英礦，而斷層線通常就是地殼破裂脆弱的地方。

兩位領導研究團隊的學者是用「令人瞠目」（eye-popping）形容他們的發現。

他們是利用一種結合地質學和地質物理地球透視程式，去解析北美大陸板塊的結構。結果發現，石英礦是地質脆弱帶的最佳指標。

研究人員進一步把岩層特質與地層活動做了連結。他們認為，石英形成時所帶入的水分，當碰到高溫、高壓時會釋出，使得岩層滑動及流動，這種過程稱為「黏性循環」（viscous cycle）。

目前已知，包括日本、美國南加州及黃石國家公園都是黏性循環的高活動期，美國的阿帕拉契山脈則可能處於非活躍期。

學者認為，這項發現有助於判斷，過去被認為地質穩定的地區是否也應提防地震，同時也可提供未來核能電廠的選址更多安全參考。這項研究已刊登在2011年3月17日出刊的《自然》期刊。

石英的成分是二氧化矽（SiO_2），它是岩漿分異過程最後產出的結晶；它的結構穩定、硬度高，也是沉積岩中含量最多的礦物。

被包在岩石中的石英通常會以多晶質或結晶較差的顆粒存在，但若是在晶洞中形成，就會長成較美麗的單晶外形，若再加上羼入其中的過渡金屬，就會出現各種顏色，變成大家熟知的水晶、玉髓、瑪瑙等。

資料來源／每日郵報、台灣大百科全書

必學單字大閱兵

plasma 電漿
charged particle 帶電粒子
solar wind 太陽風
solar system 太陽系
heliopause 太陽風頂
interstellar space 星際空間

chapter 16

微過濾 逆滲透 洗澡水變新生水

水處理解析

◎鄭朝陽

NEWater工廠內裝設眾多超微細的薄膜過濾系統，透過加壓讓汙水來回過濾，去除固體和膠狀的雜質與細菌。資料來源／聯合報

喝進肚子裡的水如果來自洗澡水、沖馬桶的水，你敢喝嗎？新加坡為了擺脫用水受制於鄰國的窘境，自2002年起採用水循環再利用技術，領先全球讓廢汙水再生，產製可飲用的新生水「NEWater」，即使遇到乾旱也不再擔心無水可用。

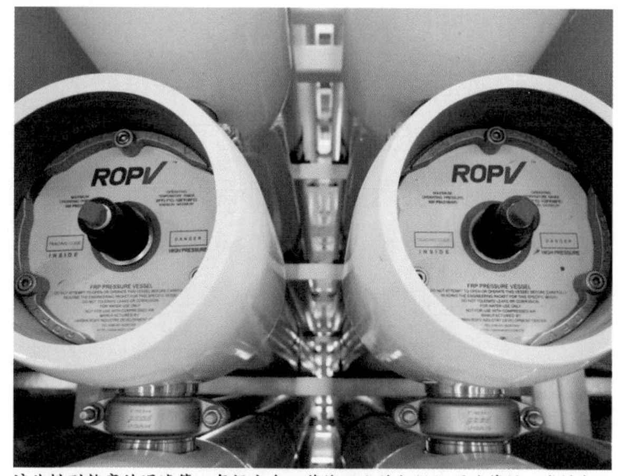

這些排列整齊的過濾管，每根內含一萬條以上的超微細過濾管材。資料來源／聯合報

負責這項淨水工程的西門子工業部門經理施瑞安．卡南（Sriram Kannan）指出，新生水的水源來自新加坡用戶接管所收集的洗澡、沖廁、洗車……等「同流合汙」的生活汙水。這些汙水統一送到汙水處理廠做兩級處理，第一級是用隔柵過濾去除水中較大的固體物，如泥沙、紙張、塑料等，然後進入沉澱池。

（左圖）這些細如髮絲的過濾管材口徑僅0.2毫米，管子外觀還布滿0.04至0.1微米大小的孔洞，用來攔截汙水中的懸浮微粒。（右圖）新加坡的再生水NEWater裝瓶後宛如一般的瓶裝純水，僅供索取，不對外販售。資料來源／聯合報

汙水在沉澱池中停留數小時，等固體汙染物沉降後，再進入二級

生物化學處理反應池（曝氣池）。

在曝氣池中大量送入空氣，促進好氧的細菌生長，細菌則以水中的有機汙染物維生，會發臭的有機汙染物大致被細菌吃光了，只剩下細菌和汙泥狀的懸浮物，接著就把汙水引入第二級沉澱池，讓細菌和汙泥沉降。一般經過這種二級生化處理後的汙水已經不太有臭味了，視覺和嗅覺上和清水很接近。

施瑞安指出，二級處理汙水引到新生水工廠後，就要「過三關」，才能成為新生水。

第一關：微過濾

這是傳統的過濾做法，現在只是把過濾的介質從砂子改為人造微管材料。施瑞安說，自古就知道讓水流過砂子，擋下水中懸浮雜質，就能獲得乾淨的水；新生水的過濾微管細如髮絲，每條微管都是空心的，管徑約200微米，表面還布滿很細的孔隙，大小約0.04至0.1微米。

利用人工加壓讓汙水穿過這些數以萬計的微管，肉眼看不到的細微顆粒和膠狀物質都能被攔截下來。這些髒物質附著在微管外部，如何清除？很簡單，只要再加壓，讓水流反向沖，髒物質就被帶出管外。

這種反覆加壓的淨化過程都靠機械自動化完成。大約1.2萬條過濾微管組成一支比手提滅火器大的壓力過濾管，用120支壓力過濾管做成一個過濾模組，一個模組一小時可處理270噸的汙水，最後有67%的汙水成了新生水，淘汰33%。

第二關：逆滲透

第一關去除水中細微「顆粒」，第二關的任務是過濾水中所含細菌、病毒和各種有害的溶解性離子。

施瑞安表示，逆滲透法（Reverse Osmosis，簡稱RO）是目前公認取得乾淨純水最有效的過濾法，它靠加壓和極細微的薄膜淨水，比煮沸、蒸餾、離子交換、活性碳等過濾法還有效去除水中的有毒物質、重金屬和無機礦物質，因此常作為洗腎（血液透析）、實驗室高純水等用途。

逆滲透原理是在汙水端加壓，使水中純淨的水分子穿透薄膜產生純水，無法穿透的雜質和有害物質隨濃縮廢水排放。由於薄膜的孔徑極小（約0.0001微米），屬於「超奈米級」，只有純水的離子擁有通行證，溶解性的化學物質過不了關。

16

利用「滲透」原理　製造純水

要了解「逆滲透」得先釐清「滲透」的原理。用薄膜隔開兩種不同濃度的溶液，但溶質無法透過這片薄膜，於是濃度較低這邊的水分子會通過薄膜到達濃度較高的那邊，直到兩邊的濃度相等為止，這種自然滲透的壓力稱為「滲透壓」。

在「低往高」的滲透尚未達到平衡之前，可以在濃度較高的一方逐漸施加壓力，水分子滲透的移動狀態會暫時停止，如果施加的力量大於滲透壓時，則水分子的移動會反方向進行，也就是從高濃度（髒水）往低濃度（純水）的方向流，達到「逆滲透」效果。

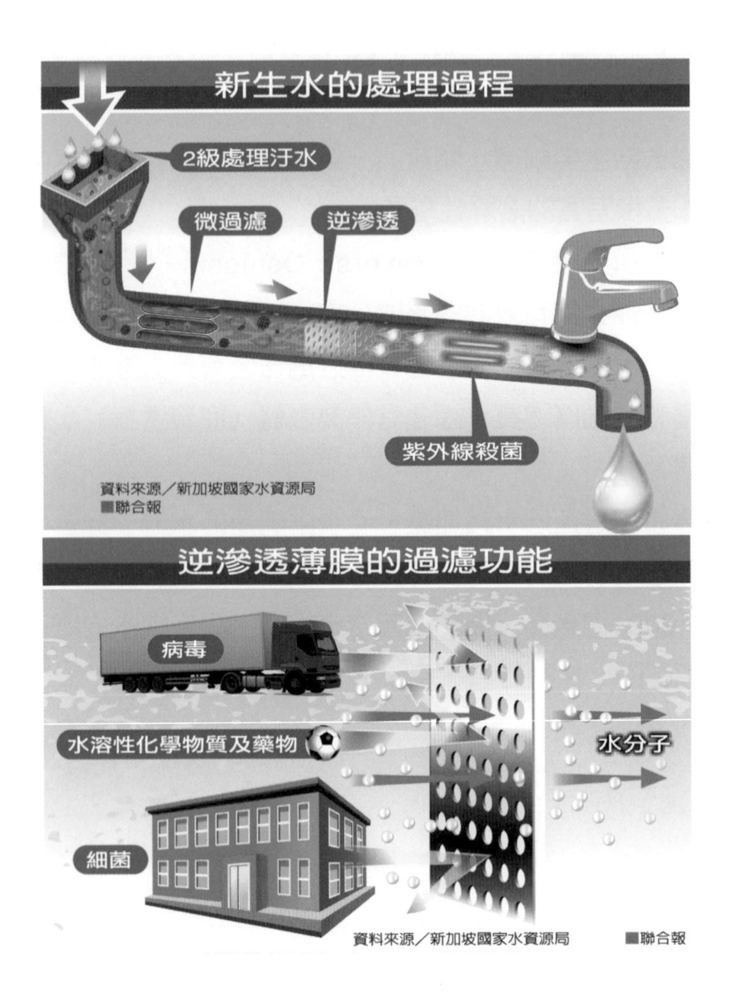

第三關：紫外線殺菌

施瑞安表示，照理說，經過逆滲透處理的純水已經達到可飲用標準，但顧及飲用者的心理感受，特別再做紫外線殺菌，破壞殘存細菌的DNA，確保細菌無法繁殖，水質安全無虞。

新加坡水源自主　台灣榜樣

新加坡發展新生水的經驗，對水資源吃緊的國家來說，無疑是最佳範例。即使像年降雨量超過國際標準的台灣，在氣候變遷導致極端氣候的影響下，新加坡經驗更值得借鏡。

新加坡三成的水源要靠馬來西亞供應，雙方的供水合約分別在2011年和2060年底到期，過去馬國經常喊漲水價，不但民生用水供給堪慮，國家經濟也宛如套在一個頸環上，只要鄰國一拉緊就無法呼吸。

因此，百分之百的水源自主是新加坡追求的終極目標，而且希望在2060年之前達成。除了興建五座新生水廠，每日產出近50萬噸純水（比曾文水庫的35萬噸供水量還要多），還持續興建海水淡化廠，並設法降低海淡成本。

新加坡供水目標

	民生用水供給率	NEWater	海水淡化	進口水和雨水
2010年	45%	30%	10%	60%
2060年	30%	50%	30%	20%

註：民生用水供給率降低，意謂每人每天平均用水量要更節省；目前人均用水量為155公升，初訂2020年降至147公升。

資料來源／新加坡國家水資源局　製表／鄭朝陽　■聯合報

新加坡大約是2.6個台北市大，國土面積雖小，但三分之二的土地都用來貯存水源，地表上九成的降水都會被收集利用。政府選擇適當的地點廣建蓄水池，特別是低窪地區，蓄水池兼有滯洪、防淹效果，有的蓄水池還做多目標使用，創造民眾休閒的好去處，一舉多得。

水價台灣五倍　遏止浪費

除了開源之外，新加坡更積極節流。

由於積極發展高科技和石化產業，工業用水逐年攀升，在開闢水源之際，新加坡喊出三十年後的省水目標，每人每天平均用水量要從現在的154公升降到140公升，而十年前的人均用水量為167公升，已低於全球平均值170公升，是台北人用水量352公升的一半不到。

為了全面省水，新加坡政府成立基金，協助工業界檢討製程，節約用水。同時調高水價，遏止用水浪費，目前的水價是台灣的五倍之多。新加坡相信，唯有錙銖必較每一滴水，城市和國家才能真正調適變遷的氣候，永續發展。

淨水科技　新加坡智慧財

新加坡善用淨水科技創造「新生水」，不僅擺脫對馬來西亞的供水依賴，幫助新加坡發展高科技產業，未來更要向國際輸出淨水技術，賺取外匯。

新生水的水質等同蒸餾過的純水，不含礦物質等成分，處理過程不用氯來消毒，水中也沒有餘氯問題，喝起來和一般瓶裝蒸餾純水沒有兩樣。

新加坡國家水資源局資深經理林秀徽表示，新生水取自生活汙水，一般人乍聽好像很難接受，其實如英國倫敦等位居河川下游的城市，取用的自來水源也都有中上游廢汙水的成分，經由過濾、消毒、殺菌等處理程序，就成了可以飲用的水，和新生水的道理是差不多的，「喝的時候，心裡不必有陰影。」

新生水　比飲用水更講究

新生水目前主要供給建築物的空調冷卻水和晶圓製造等科技廠房使用。林秀黴表示，在此之前，新加坡的晶圓廠取得可生飲的自來水時，還得再自行過濾，才能讓自來水作為製程用水，可見新生水的水質標準已經很高。

有趣的是，新生水並未順著自來水管流到家戶，雖然裝瓶，卻沒有上市販售。林秀黴解釋，新生水裝瓶、在通路上架販售都需要成本，公開販售的利潤不見得好；加上目前新加坡優先發展高科技和部分工業，用新生水滿足工業用水是第一要務。

林秀黴表示，新生水雖然發展第十年了，但尚屬推廣階段，目的是讓大眾了解淨水科技很先進，能帶來很多好處。像社區辦活動需要瓶裝水，就會向水資源局索取新生水，「我們有求必應」，也是行銷新生水的好機會。

太乾淨　新生水需混雨水

大約3%的新生水被放流到新加坡的蓄水池和水庫裡，和天然雨水混合，處理成家用的自來水。林秀黴說，新生水太過乾淨，缺乏人體所需的礦物質，因此把新生水當成乾淨的水源之一，混入雨水變成自來水之後，對人體健康更好。

目前新加坡有30%的用水從馬來西亞進口，購水合約將在2060年底到期。

依照新加坡政府規劃，屆時工業用水將從目前的55%成長到70%，民生用水則從45%降到30%。新生水肩負重任，供應量將從目前

30%增至50%，海水淡化廠也將增建，供水量則從目前的10%增至30%。

林秀徽說，發展淨水科技增加許多就業機會，讓新加坡未來發展更安全、永續，也打開國際知名度，將對外技術輸出，賺取「智慧財」。

16

必學單字大閱兵

reverse osmosis 逆滲透
filtration 過濾
membrane 薄膜
turbidity 濁度
reclaim 回收利用
ultraviolet disinfection 紫外線消毒

chapter 17

遠端監測油壓　竊賊下手就逮

油壓監測解析

◎曹馥年

由於油價高漲，有些竊油集團會從破壞大型輸油管下手，至於油管地面化，是近年國際趨勢，主要是爲一旦有漏油，可減少土壤的汙染面積。

鐵皮空屋中，4名竊賊挖了一條長5公尺深的地道，碰到大輸油管，挖開周遭土石，將小型閥門裝在油管上。切開油管瞬間，4人立即緊鎖閥門，防止柴油滲漏。

原以為石油公司不會發現幾秒鐘的油壓差，不料，百公里外的「長途管線監測系統」螢幕上立即警示異常，4人半滴油都沒偷到，就被趕來的警方逮著。

史上最精密盜油案

這不是電影情節，是中油有史以來遇過最精密的盜油案。曾承包台電地下纜線工程的包商2010年6月利用專業知識，借款100萬元自組小型「潛盾機」，租用空屋，雇工挖地道盜取桃園中壢市中油輸油管內的柴油。這條耗時9個月才挖好的竊油路徑，切開輸油管的瞬間，就宣告破功。

中油桃竹苗服務處副處長廖祐立分析，這套長途管線監測系統是中油煉製研究所江福財博士研究團隊所研發，壓力油量電信涵蓋流體力學中的伯努利原理、電波傳送等物理應用。伯努利原理其實就是質量守恆定律：流體（液體與氣體）的壓力與其流速成反比。

由此可知，在不考慮管線內雜質造成的流量管損、維持流速不變的理想前提下，每段管線內的油壓應維持恆定。

盜油瞬間　立被發現

根據警方調查，這次犯案的包商也知道過去的盜油案多因油管油壓驟減被識破，還先以超音波反監控流量，探測中油供油時段、供油量與油壓，並在管線上安裝閥門，挖破管線瞬間立即關閥，防止柴油滲漏影響油壓。

此外，更準備電腦連線增壓器，想細水長流，以每日少量盜油與維持管內壓力不變的方式，騙過中油的監測系統。

「竊嫌手腳再快，也快不過監控點的信號波。」廖祐立說，長途管線監測系統密集裝設油壓監控點，每秒回傳多次信號波到中油監測站，若管線破裂，壓力立變，平穩的信號線就會出現異常凸點，同時傳出警報聲。

竊賊將管線挖破瞬間，中油立即就能發現異常，召集工程師判讀異常管線位置，派員前往檢查。

台灣技術　領先各國

廖祐立說，早年的管線監測系統不夠精確，須靠管線巡察員逐區監督。但因巡察員人力有限，盜油事件難免。

此套監控系統耗費十多年研發，民國89年間從盜油集團最猖獗的嘉南地區開始施用，經過多年來修正係數、延長，系統不僅遍及全台的數千公里油管，也已能將可疑異常點範圍限縮到50公尺內。各國雖然都有類似監控技術，但是不若台灣精確。

地震、施工等外力，是否會讓監控點「反應過度」？廖祐立說，有彈性的鋼製油管設計時已考量台灣地理特性，小地震不致讓警報大響，油管附近的工程也在掌握中。除非管線遭外力大力撞擊、滲漏，監控點才會出現異常。

中油長途管線監測系統的平穩信號波突然出現異常凸點，檢查時發現精密盜油案。資料來源／聯合報

液壓千斤頂舉重　帕斯卡說分明

為什麼樓層越高，熱水水壓越不足？為何小小的液壓千斤頂能舉起數噸重的機械平台？廖祐立說，流體力學不只用於複雜的監控系統，日常生活中也隨處可見流體力學的實例。

水位越高　水壓越大

同一棟社區大樓，為何頂樓的熱水常出不來，一樓的水龍頭卻常故障？廖祐立表示，流體靜止時，水中壓力是單位面積的重量，一大氣壓力＝76公分水銀柱高＝10公尺水柱高＝1公斤重／平方公分，換句話說，水位越高，水壓越大。

以20層、每層4公尺的高樓為例，頂樓住戶的水塔水壓僅0.4公斤，若購置需0.5公斤才能點燃的熱水器，就會常常無法啓動燒水。反之，一樓住戶水壓達6公斤，若安裝耐壓2公斤的水龍頭，就容易故障，此時加裝減壓器降低水壓，就能解決問題。

帕斯卡原理 舉重若輕

液壓千斤頂為何能舉重，從流體力學的帕斯卡原理可窺端倪。帕斯卡原理指的是，密閉容器內之流體壓力變化與截面積成反比。液壓千斤頂運用液體無法壓縮的原理，施1公斤的力到1平方公分的小活塞上，傳到管線另一端10平方公分的大活塞時，因活塞面積增大，可支撐的力數值相對變大，傳出的力量變成10公斤，故能以小力氣輕鬆舉重。

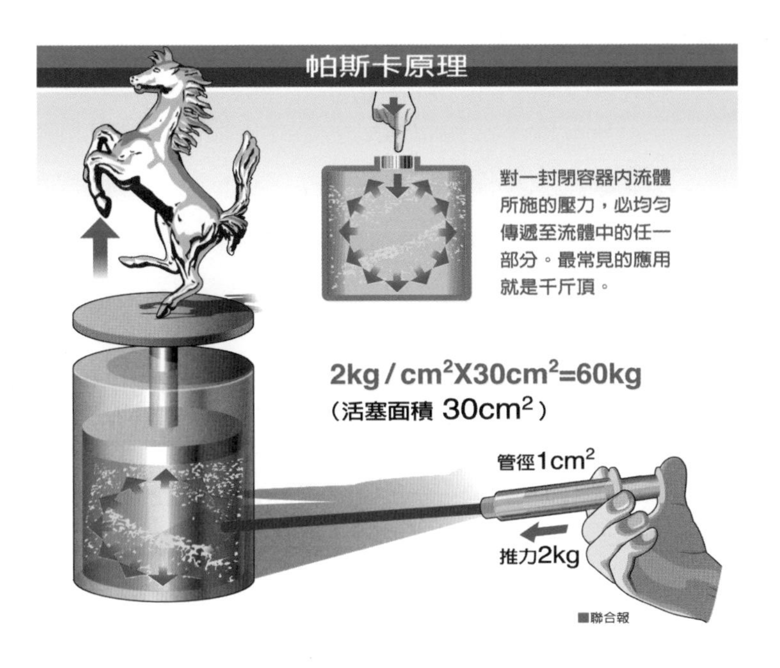

伯努利原理中，流體壓力與其流速成反比。飛機機翼上緣為弧面，下緣為平面。飛機高速前進時，氣體在機翼前端一分為二，部分空氣通過機翼上方弧面、部分通過機翼下方平面，在機翼的尾端合而為一。由於機翼上緣長度比下緣長，根據伯努利的質量守恆定律，上緣的氣體要流得更快，才能在後方會合，使得機翼下緣的空氣密度比上緣大，這個空氣壓力差產生向上的升力，當飛機速度夠快、升力夠大，飛機就能起飛。

嘉南兩起竊油　汙染土壤10多年

「這套監測系統，主要是為防治汙染，抓賊倒是意外的收穫。」中油桃竹苗營業處處長黃仁弘說，中油油管輸送量大，但若遭不可知的外力破壞，造成滲漏，不僅造成環境汙染，事後的清理更是曠日費時。這套管線監測系統完成後，每當出現異常訊號，中油就立即派員到場檢查，第一時間將傷害降到最低。

學者則表示，若真發生漏油情形，透過生物復育技術清除油汙，不會造成二次汙染，「天然的最好。」

竊油怪招多

在中油嘉南營業處服務三十年的廖祐立，見過不少稀奇古怪的破壞管線偷油事件。有人鑽穿油管上方的連通排水溝，牽了近2公里的油管把油引進油罐車；也有人將油管繞過高速公路涵管，迂迴竊油躲查緝。「油料損失還能處理，若遇到技術不純熟的竊嫌，挖壞了油管又補不起來，丟了就跑，柴油四溢的慘況才教人頭大。」

漏油難處理

廖祐立說，十三年前，偷油集團肆虐嘉南平原，且多針對需求量大、好銷贓的柴油下手。當時石油公司的監測技術不純熟，頂多測知油壓異常，無法立即判定事發地點。曾經有人鑽孔偷油時管夾鬆脫，油漏滿地，不知如何處理善後，工具丟了就跑。待中油人員到場，柴油已汙染大面積土壤。

台南同年也發生類似漏油事件，數公秉的油滲入土壤、汙染地下水。兩件竊油案花了十多年、上億經費，才讓汙染地區漸漸恢復原貌。「代價太大，因此更積極改進監控系統。」廖祐立說，嘉南地區裝設監控系統後，竊嫌漸往北移，管線監測系統全台落實後，竊賊沉寂了兩年，才又發生最近這起案件。

17

柴油汙染土壤　微生物可分解

成大環境工程系特聘教授鄭幸雄表示，柴油屬含碳數少的重油，疏水性、不易流動、不易分解，若滲入土壤，也多留在土壤表層。運用「生物復育技術」，就能清理土壤漏油。

鄭幸雄說，台灣的表土每公克裡面約含10的3次方到4次方的微生物，「生物復育技術」將空氣灌入土壤，讓每公克土壤的微生物含量增為10的6次方，由微生物將油汙分解成二氧化碳與氧，自然又環保。

台灣的生物復育技術已相當純熟，1平方公尺的汙染土壤，約三個月可大致復原。

鮮知先贏
未來自行車 比傳統輕65%

【郭錦萍／輯譯】

你覺得未來的自行車應該長什麼樣子？向來生產高端航太產品的歐洲航空國防集團（European Aerospace and Defence Group, EADS）最近公布了一款自行車，不但外形很未來，它的製造方式和材料也很超現代。

早期的自行車架，會使用模鑄或鍛接形成，但這種名為Airbike的新型自行車，卻是將主要組成原料尼龍纖維，及其他塑料、金屬等先磨成精細的粉末，再依電腦程式指引，先由雷射將粉末熔化，再讓它們依照特定的形狀一層一層地凝固，直到完成最後定形。

這種「疊層製造法」（Additive Layer Manufacturing, ALM）的原理和3D印刷技術非常類似。

依據EADS公布的資料，利用這種方法可以製造設計師想要的任何形狀，而且成品比傳統製造方式做出來的產品重量少了65%，生產過程會產生的廢材也大大減少。

Airbike是由6個用ALM法造出的不同部件零件組合而成，它的強度跟市面上的高價自行車一樣。

據了解，EADS旗下的空中巴士公司，正考慮要把ALM技術用在輕型客機的製造，這種飛機機質輕將可大量減少燃油的耗用。有些專家更認為，這項發明未來極可能會用在火箭或者太空船的建造。

資料來源／NewScientist

必學單字大閱兵

diesel oil；diesel fuel 柴油
gasoline 汽油
hydrodynamics 流體力學
electric wave 電波
signal wave 信號波
petroleum pipeline 輸油管
oil pressure 油壓
Pascal's principle 帕斯卡原理
Bernoulli's Theorem 伯努利原理

chapter 18

海底地震儀 水下動靜它最知

地震儀解析

◎陳幸萱

台灣位處於歐亞板塊交界帶，影響台灣安全的地震有很高比率是發生在海域，為能更清楚掌握、測量海底地震，國內研究團隊突破技術困境，自行研發出海底地震儀「庭園鳥」（Yardbird），不但是科技實力上的突破，更被南韓「相中」，準備出國大展身手。

中央研究院地球科學研究所研究員郭本垣指出，台灣本島上的地震觀測站密布，總數多達260站以上，測量密度和質量可以說是「獨步全球」。

海域觀測站　僅陸地一成

但在台灣周邊海域的地震觀測點，卻只有陸地的十分之一。這不僅使得海域的地震監測資料匱乏，在定位發生於海域中的小地震時，誤差更可能達10公里以上；地震學家因此無法窺測同樣複雜、同樣會影響台灣居住安全的外海地層構造。

缺監測資料　震因難了解

郭本垣舉例，2002年3月31日發生規模6.8的外海地震，造成興建中的台北101大樓吊車墜落；2006年12月26日，屏東外海有規模7.0的雙主震地震，引發海底土石流、切斷附近的海底電纜，掩埋科學儀器。但因沒有海底的地震監測資料，至今科學家對這兩組大地震的研究仍不完全。

目前中研院地球所與中山大學海下技術研究所、國家實驗研究院台灣海洋科技研究中心組成的本地團隊，成功研發出海底地震儀（Ocean Bottom Seismometer, OBS）；能夠在海底接收地震資料、擴大觀測範圍，將使地震學家對台灣的隱沒、碰撞作用及海域地震的特性有更多了解。

要施放OBS，研究團隊必須先將研究船開到適當地點，再將OBS放入海底，記錄施放點附近的地動情形，OBS放置一段時間後再回收。

美日及歐洲　有成熟技術

中山大學海下技術研究所副教授王兆璋說，目前只有美國、部分歐洲國家和日本擁有成熟的海底地震儀技術。台灣能「技術自主」，不僅節省研究成本、刺激國內海洋工程產業發展，也不必再因為機器必須送到國外維護，錯失能夠出海測量的時機。

海底地震儀施放情形。圖／TORI-IES-NSYSU OBS研發團隊提供

除了增加海底地震儀可以接收的震波頻寬，由國研院海洋中心災防組組長田蓉禮帶領的研發人員，也正嘗試在海底地震儀裝上數位相機鏡頭和動量偵測器。郭本垣表示，未來將把這套研發技術應用到偵測海底、陸上土石流；研究土石流發生前的能量累積，以及一開始產生的振動訊號，發展成土石流預警系統。

正與韓洽商　簽署備忘錄

台灣的研發團隊也正與韓國洽商，預定簽署科學合作備忘錄，將「庭園鳥」帶到韓國施測；過去南韓常以海洋工程技術先進自豪，這次的合作，無疑是「庭園鳥」為台爭光。

從海底測量地震有哪些難題？

電池、深度、雜訊，克服關鍵

王兆璋說，海底地震儀的電池、可以施測的深度，都是需要克服的關鍵；而研究團隊也還要拓展現有地震儀的測量頻寬，預定要研發

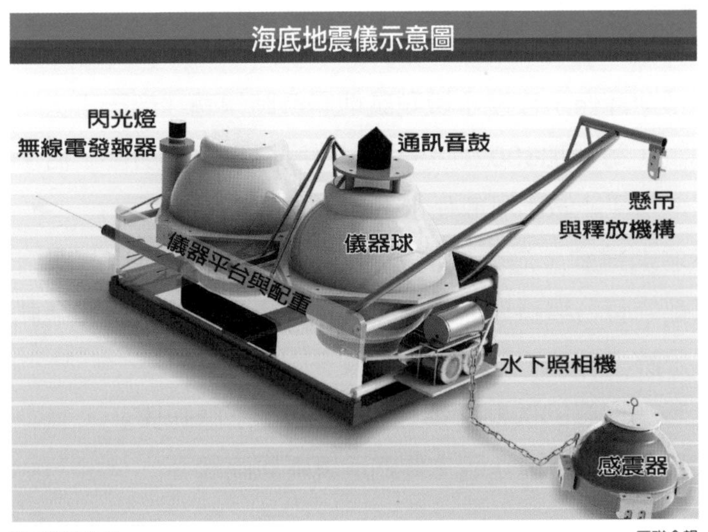

圖／郭本垣提供　■聯合報

到60秒的寬頻範圍。

地震儀要在海底接收地動資料，有一個最關鍵技術，就是「供電」。王兆璋表示，海底地震儀要長期待在海底工作，電池的續航力至關重要，夠持久的電池能支撐一年以上，這可以減少出航收放的次數，節省研究經費。

他表示，在合作研發地震儀之前，曾帶領學生研究新的低耗電IC晶片，發現可省下1%至10%的耗電。那時中研院地球所也正好從國外引進了四套地震儀，並派技術人員到美國，了解研發海底地震儀需要克服的問題；同時剛成立的國研院海洋中心有海洋工程師，三方發現「自己手上缺的東西好像都在對方手上」，海底地震儀的研發才順利展開。

海底環境　增加工作難度

研發海底地震儀，另一個要克服的難題是「泡在海水裡」。

王兆璋說，儀器在陸上和海裡狀況不同；為了要確認工程設計在水中如預期運作，在淺水域測試地震儀時只有「自己下去（潛水）看」。他說，每增加300公尺，工程難度幾乎就是加了一倍；研究團隊的目標是希望能做出可放在水下5000公尺的地震儀。

郭本垣則提到，海床環境的雜訊最常以2至5秒的週期出現；而每個地震都含有各種週期的震波，在這個區間的小地震訊號就會被干擾，不易分辨。

因此感應地震的儀器必須跨越5秒的「感應範圍」，至少要「拓寬」到10秒以上，才能跨越主要的環境雜訊高峰。

30秒內地震速報　台灣超讚

2011年初春紐西蘭發生芮氏規模6.3級淺層地震，透過分散各地的地震儀收集到的資料，地震學家可以在幾分鐘內推算出地震的規模和震源位置。中央氣象局地震測報中心表示，目前僅有台灣、日本較積極在推動「地震速報」；位處地震帶、加上密集的地震觀測網，也使台灣的地震研究領先全球。

氣象局地震測報中心主任郭鎧紋說，密集的陸上地震觀測站，加上氣象局自己應用強地動觀測網，發展出能在地震發生後馬上發布地震規模、震度、震央及深度的「速報系統」，使台灣能快速的公布地震情報。

氣象局地震測報中心地震監測課課長許麗文指出，地震儀能夠收集地表在不同時間的震動資料；將震波和平常的訊息比較，就可以判斷出是否為地震事件。

18

地震規模≠地震震度

地震儀記錄到的地震波震幅，可以換算成地震規模與震度。她指出，地震規模只有一個，因為一個地震只有一個震源；但是震度就因距離遠近與各地的地質條件而異。

「就像放鞭炮，在爆炸點釋放出的能量是固定的，但與爆炸點距離不同，感受到的震動也不同。」

至於震源的定位，則是利用震波傳送到不同地震站的時間差，推算地震波走了多遠才到達觀測站，回推震源在三度空間中的位置。

許麗文指出，目前地震測報中心的電腦自動地震報告，會在30秒内算出來；再經過輪班人員的專業判斷，3至5分鐘後，就會向各單位發布正式的地震報告。

郭鎧紋提到，九二一地震發生時，氣象局很快就量出地震的相關資訊，「國外都嚇了一跳」。他說，美國地調所還派人來台灣看，為什麼用的儀器都一樣，台灣可以「這麼快量出來」。

未來運用

建置多功能平台，洋流水溫也可測

台大海洋研究所所長喬凌雲表示，海研所在幾年前也開始研發地震儀，因為台灣的地震大多數發生在東部外海，台灣的地震觀測站雖然是全球最多，但都在陸地上，在判斷地震定位、機制都只有一側，若能360度都有地震觀測站分布，將對了解地震有很大的幫助。

喬凌雲說，目前國內有許多學研單位都有海底地震儀，包括中央大學、海洋大學，但有系統地從事海底地震儀研發的，只有國研院台灣海洋科技研究中心和台大海研所的貴重儀器中心。

台大海研所的海底地震儀研發由助理教授張翠玉主導，她說，可以依據研究需求隨時改良、節省成本，是她開始投入海洋地震儀研發的原因；她為了地震研究，使用過日、中、法、德、美等國製造的海底地震儀，發現國外研究單位通常很難為台灣的研究需求修改儀器，且常有「台灣人如果自己做，可以不用那麼花錢」的感覺。

2006年8月，台大海研所藉由國科會資助的貴重儀器中心開始研發海底地震儀；張翠玉說，因地利之便，也常向台大電機系教授吳瑞北諮詢技術，並由台科大電子工程系助理教授許孟超協助製作電路板。2008年春天海研所就已經做出機械原型，但數據回收後還需要調整；一直到2010年年底才算研發完成。

張翠玉說，目前海研所研發的海底地震儀，精確率和國外的「差不了太多」；只要更換地動感應器，可以接收寬頻、也可以接收窄頻（短週期）的地震資料。未來研究團隊希望除了改良原本的功能，也期待結合其他海洋研究領域，增加洋流、水溫等海洋資訊的測量，建置多功能的海中研究平台。

必學單字大閱兵

seismometer 地震儀
OBS（Ocean Bottom Seismometer） 海底地震儀
earthquake magnitude 地震規模
intensity scale 震度，震度階級
seismic wave 地震波

chapter 19

一次20萬 飛機常洗澡 事關飛安

飛機清洗解析

◎李承宇

人洗澡是為了維持健康，也能提振精神。飛機也必須洗澡，它的目的更嚴肅，因為這和飛航安全有關。

隆冬的桃園機場，長榮航太停機坪上，一架波音MD-11正在「洗澎澎」。小到長柄刷、大到雲梯車，十多位工作人員必須搭乘特別的工具，才能為這架光是機身就高達三層樓的龐然大物洗刷一番。雖然天陰、風大，但對這群穿橘色工作服、戴黃色安全帽的工作人員來說，已是洗飛機的好天氣了，「至少今天沒下雨」。

30—40天清洗一次

類似MD-11這類長程飛機，垂直尾翼都有五層樓高，而波音747的垂直尾翼更高達六層樓，要洗垂直尾翼，工作人員必須站在雲梯車上與強勁的風勢抗衡，才能拿著長柄刷清潔。

長榮航太統計，清洗一架波音747要用10到15公噸的水，15公升的清潔劑，共要12到15個人花5、6個小時，才能把飛機徹底洗乾淨。洗一次飛機的成本，約要15到20萬元。

長榮航空機務本部機體技術課課長蔡奇忠表示，飛機定期進行外部清洗，除了美觀，主要還是要避免飛機結構因化學汙染物破壞表面保護漆，進而腐蝕內部結構。

依照飛機使用狀況及結構維護經驗，以長榮航空的機隊為例，每架飛機60天會執行一次全機大洗，每30到40天會對容易髒的部分，例如飛機的機腹、輪艙，引擎、空調的出口等處做局部清洗。

飛機表面塗層　影響內部安全

除了清洗飛機，每隔六到八年就會整架重新噴漆，以確保保護塗層的完整性。

長榮機隊使用的油漆是環保的高固態油漆（High Solids Polyurethane Topcoat），特性包括覆蓋率佳，面漆只要塗兩層，可以減少油漆用量；漆料重量也輕，減少燃料成本。

以一架波音747為例，高固態油漆噴塗的總重量，比傳統漆料少了140公斤。此外，這種漆抗磨、抗UV，所以能讓飛機表面的亮度高，且漆的表面比較硬，易於清洗保養。

在理論上，飛機在高空飛行時，由於空氣乾燥，比較不容易髒；所以飛機表面汙染物的來源，通常與機場的地理位置有很大的關係，例如靠近海邊的機場鹽分很重，而寒帶機場會經常使用除冰防凍劑等。

爲了確保機體不被鏽蝕及外觀美麗，民航機定期要「洗澎澎」。圖爲地勤人員在升降車上展開清洗作業。資料來源／聯合報

飛機清洗機的刷子中藏有感應棒，會感應機身外表的弧度、調整刷子的角度，一方面可以洗到完整的飛機表面，一方面也可以避免刷子用力過度碰傷飛機表面。資料來源／聯合報

機體所有開口清洗前都要包覆，避免遭水及清潔劑灌入受損。圖為起落架上的包覆。　資料來源／聯合報

另外，有許多的汙染物是來自飛機本身，如廢氣、潤滑油、液壓油等。

洗飛機除了依照各機型的原廠維護手冊照表操課外，還有不少小細節需要注意，包括使用的抹布不能掉棉絮、不能用高壓水柱近距離沖飛機表面。

由於洗飛機的程序多半在夜間進行，工作人員約晚上7、8點開工，洗到凌晨，有些清潔用的溶劑具有可燃性，也須特別小心。

另外，台灣的夏天炎熱，清潔劑揮發速度快，用清潔劑處理飛機表面後，須馬上用大量清水沖洗乾淨，否則清潔劑會殘存在飛機表面。

二十四小時　使命必達

客機改貨機，變長又變寬

飛機不但要洗，需要時還可以切割、改裝，就能把新飛機的機身、機翼等大型組件裝進去。這不是天方夜譚，長榮航太已經為美國波音集團改裝四架「747超大型貨機」（Large Cargo Freighter）。它可以把在世界各地製造的波音787客機各種大型組件運回西雅圖總公司組裝。它也是目前全世界容量最大的貨機。

配合全球景氣復甦，現在全球航空公司都在採購新飛機，不少航空公司都在等待波音787的量產。一架波音787的零件來自十幾個國家；包括美國、加拿大、英國、法國、瑞典、義大利、澳洲、大陸、日本、韓國等。

雖然各國分工有經濟上的效益，但如何快速把各部分集中到一地組裝，卻是個大問題。

以往的飛機製造廠運送方式是利用海運與陸運，從世界各地把飛機各部組件運回美國，少說也要超過一個月。2005年開始，長榮航太幫波音改裝可以容納787大型組件的超大型貨機，二十四小時內即可將其送達西雅圖總部，執行新機的最後組裝。

首次改裝波音747　費時一年半

飛機一般至少可以使用二十到三十年，但是，機齡十年以上的客機因內裝老舊，許多航空公司會將其改裝成貨機。

波音747改裝的困難度高很多，不只要把座椅、地板移除，還要把機身上半部及機尾切除，再增高及加長，以加大其裝載空間，第一架改裝就花了一年半。

改裝後機身比原本的波音747-400高出2.77公尺、長了4.49公尺；容量6.5萬立方英尺，比傳統747貨機容積大了2.6倍。

有別於747貨機是由機頭或有些貨機由機腹開啓，747-LCF是從機尾橫向開啓，方便裝卸787的大型組件。

改裝時先要用幾十個千斤頂頂著，並隨時用雷射測量儀精確定位。通常機尾有許多飛機重要的操縱系統，747-LCF在裝卸787大型組件時，飛機的重心以及總重量會不停改變，所以，波音特別為LCF設計「開尾車」，隨時由電腦調控機尾高度，避免傷及機尾開關的鉸鍊。

改裝的另一個關鍵是駕駛艙與貨艙間的隔艙板。為了平衡改裝後飛機重量，以及強化加溫及加壓的駕駛艙，隔艙板就重達6公噸，並在機頭接合處，以五層蒙皮鉚合，以加強機身結構。

聰明機械刷手　可感應機身弧度

飛機表面有許多精密的感應器、開口，在清洗前都必須包覆起來，避免清潔劑或大量的水浸入，這些包覆材料會用醒目顏色特別標明，防止清洗後忘記去除，影響飛安。

飛機清洗也要擺對方位。首先要將機頭朝迎風方向停放，清洗人員在一旁待命，等機務人員及清洗領班共同檢查飛機外部沒有任何碰撞或刮傷後，再將飛機表面重要感應器、輪胎、發動機等包上保護套。

這些重點包覆的地方約有20多處，都是清潔人員需要特別小心的地方，尤其是機頭的動靜壓管和攻角葉片感應器。

動靜壓管感應器的作用是測量飛機的高度和速度，若洗飛機後沒有把保護用的包裝清除，飛機起飛後將無法測得正確的高度、速度。

攻角是飛機飛行時，氣流和機翼所形成的角度。攻角葉片感應器可以提供機翼在氣流中的姿態訊息。

不只飛機表面，連洗飛機用的「飛機清洗機」刷子，也都有感應器。「飛機清洗機」是台車上裝了拿刷子的機械手臂，操作人員可遙控操縱刷子高度。飛機清洗機主要清洗機身下半部和機翼下表面。

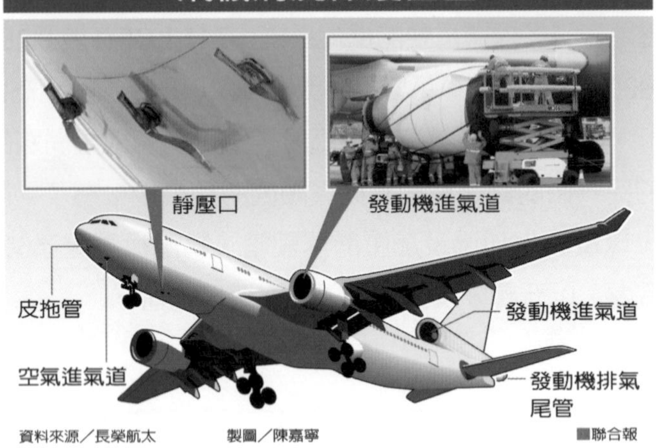

19

飛機清洗機的刷子中藏有感應棒，會感應機身外表的弧度、調整刷子的角度，一方面可以洗到完整的飛機表面，一方面也可以避免刷子用力過度碰傷飛機表面。

鮮知先贏
羼果糖果汁 喝多引發痛風

【郭錦萍／輯譯】

許多人認為，痛風和食用海鮮、動物內臟有關，所以多吃蔬果就能避開這種煩人的疾病。但新的研究發現，市售果汁中添加的果糖可

研究發現痛風和含有果糖的飲料有關。　資料來源／聯合報

能也會誘發痛風。

血液中尿酸濃度過高，導致尿酸鹽沉積在關節附近，是痛風的主因。痛風在男性的發生率遠高於女性，主要是因為女性荷爾蒙會調節尿酸濃度。

曾有一份統計指出，美國的痛風人口在1977至1996年間增加2.5倍，而且同一時期的含糖飲料銷售量增加了61%。含糖飲料的成分，果糖糖漿自從1967年工業界找到量產的方法後，開始出現重大改變，還原果汁及含糖飲料幾乎都有添加果糖，學界因此開始懷疑，果糖和痛風的關聯性。

研究人員花了二十二年，追蹤十多萬人，先發表男性的研究結果，發現愛喝含糖果汁飲料者，痛風比例較高，但若是喝代糖飲料（如健怡可樂等），則和痛風發生無關聯。

之後，他們從七萬八千位女性的長期追蹤也發現，每天喝汽水600

西西以上的人，罹患痛風的機率是參考組（每月攝取量低於300西西）的2.39倍。

而且就算每天喝的是看似較健康的柳橙汁，罹患痛風的機率也會提高2.42倍。

不過，研究者也強調，其實研究並沒有否定果汁本身的好處，而是提醒，市售果汁或含糖飲料，為了增加口感添加果糖，但也因此會增加健康風險。若要避免這些問題，最好還是吃天然的水果。

資料來源／JAMA（美國醫學會會刊）

必學單字大閱兵

tail fin 垂直尾翼
fuselage 機身
pitot static probes 動靜壓管（皮托管）
angle of attack sensor 攻角葉片感應器
cockpit 駕駛艙
bulkhead 隔艙板

chapter 20

輻射測真偽　純度金金計較

輻射應用解析

◎鄭朝陽

春節前後正是黃金需求旺季，遇上金價走揚，購買金飾時更要小心防範偷斤減兩。如何判斷黃金純度？「輻射」是至今最科學的方法。

台北市金銀珠寶商業同業公會發言人石文信指出，許多鑑定黃金成色（純度）的老方法，不是會有誤差，就是可能破壞金飾，雖然老師傅憑經驗可以判別，但仍以這幾年新出的「黃金成色分析儀」最可靠。

鑑定黃金　老一輩有口訣

行政院原子能委員會輻射防護處處長李若燦表示，最早希臘物理學家阿基米德發明了「比重法」（阿基米德原理）來判定黃金純度，

如何判斷黃金純度？「輻射」是至今最科學的方法。

也就是浸在流體（水）中的物體受到向上的浮力，其大小等於物體所排開流體的重量（公式：F浮力=G排開液體）。

　　隨著科學進步，鑑定黃金純度，則進一步利用黃金的物理特性，採用火煉和試金石的比色法。石文信說，銀樓業有「七青、八黃、九帶赤，四六不呈色」的黃金觀色法口訣，指的就是金飾若含金不到六成，則無法呈現黃金色澤，若達七成將呈現青黃色；八成將是正黃色，九成則呈赤黃色。但這種判別法較不科學，也需要相當經驗判斷。

也有銀樓用高溫火焰燒金飾樣品，驗證「真金不怕火煉」，但石文信說，高溫火焰容易導致金飾外觀暗沉，回頭得用藥水恢復金亮光澤。

另一種常見的「比色法」則是使用試金石（棒）來磨金飾，比對黃金成色，但也具破壞性。

李若燦表示，運用黃金成色分析儀「試金」，不會破壞受測樣品，和工程界常用紅外線透地雷達來檢測橋梁、建築結構的做法相

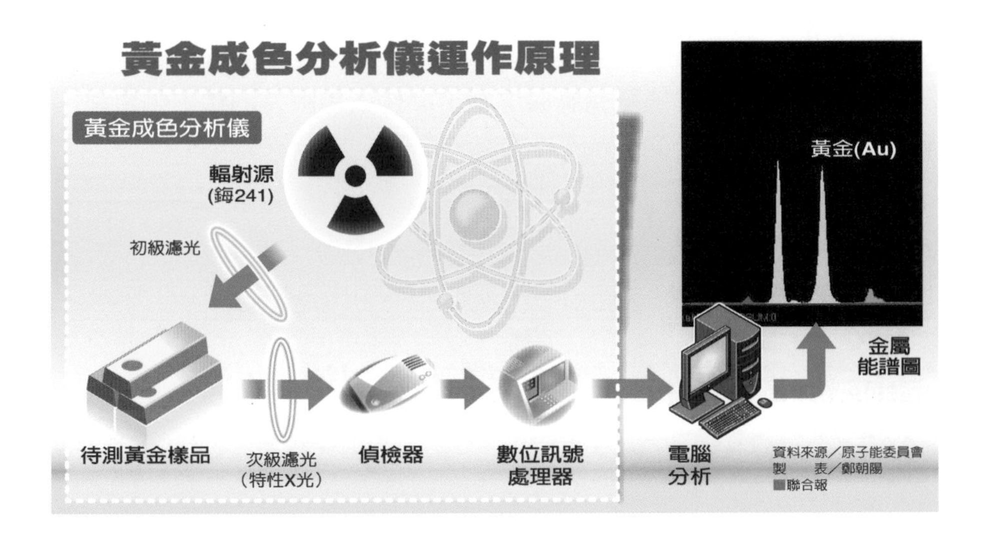

似；它不僅分析結果快速（只要100秒），黃金純度的準確度更可達小數點後兩位，優於銀樓的傳統分析法。

輻射測定　準確度更高

原能會輻射防護處科長蔡友頌表示，黃金成色分析儀是把人工合

成的放射性化學元素鋂的同位素「鋂241」放在儀器內，這種放射性物質所產生的放射線打在黃金上，會激發黃金元素（Au）的電子，發出一種「特性X光」。

因為每一種元素，例如金、銀、鉑的特性X光能譜都不一樣，因此只要拿特性X光去比對電腦內建的這些元素能譜資料庫，就可以知道金屬樣品中所含的元素和比例，黃金純度也因此得知，較具公信力。

目前國內約有一百台黃金成色分析儀，因有輻射風險，原能會要求申報列管，操作人員也要經過原能會訓練。

原能會說，由於機器有層層屏蔽，操作人員曝露的輻射劑量都在環境背景值內。

農業上的應用

高能游離輻射　讓大蒜不發芽

輻射的應用，最廣為人知的是疾病診斷和用放射線治療等醫學用途，大家較陌生的則是農業上的應用。

全球貿易自由化，在台灣可以吃到遠從南非運來的馬鈴薯，長時間待在貨櫃裡的馬鈴薯難道不怕發芽？李若燦指出，利用鈷-60加瑪（γ）射線這種較高能量的「游離輻射」照射馬鈴薯，能破壞馬鈴薯表面芽點的蛋白質，讓它產生不了生長酵素，可保持一段時間內發不了芽。

大蒜照過輻射線還能吃嗎？李若燦說，適量的γ射線無法產生

「光核反應」，所以不會把食物變成放射性物質，一旦把輻射線的射源移開，就不會殘留輻射。所以，這類經過輻射處理的食物可以延長保鮮期限，營養成分也少有改變。

一般生鮮和包裝食品、中藥等產品，常靠輻射殺蟲卵、除細菌、阻止發芽，世界衛生組織、國際原子能總署和聯合國糧農組織都認可食物輻射照射作業。

輻射照害蟲　可免抗藥性後遺症

輻射在農業上還有其他常見的應用，包括植物的誘變育種、草花的形色變異、提升作物產量的「激效照射」，以及病蟲害防治。

李若燦舉例，果菜園裡常有果蠅為害，讓農民的瓜果血本無歸。以前常噴灑農藥防蟲，但害人也害了環境，因此現在有些農園是把雄性果蠅抓起來以輻射照射後，再放回田野，牠們雖保有交配能力，卻無法使雌蠅受孕，達到一段時間之後自然滅種的效果，既無抗藥性疑慮，也保護土地和生態，是頗為環保的防治害蟲方法。

輻射技術改良作物

至於誘變育種，是利用輻射使植物細胞的DNA受到傷害，透過改變DNA來改變植物原有的性狀，以改良品種。例如原能會核能研究所最近就誘變成功，開發出粉紅色、小桃紅的聖誕紅新品種，也因此提高聖誕紅的育苗率，造福農民。

另外，中國大陸也靠誘變育種技術育成新品種的棉花「魯棉一號」，使大陸從棉花進口國轉變成出口國，創造極大商機。

用放射線照過的大蒜，可延緩發芽的時間。　　資料來源／聯合報

李若燦表示，農業改良場裡常用輻射技術來改良作物，使作物長得更好、產量更高，但必須使用較低輻射劑量照射。例如用鈷-60照射茼蒿和甘藍菜，會增加葉片的厚度，照黃豆會增加發芽率，都是輻射的妙用。

考古、環保好幫手

氣候怎變遷　放射同位素揭祕

輻射科技在考古和環境保護的貢獻也很大。用放射性元素的同位素作為「示蹤劑」，可考究汙染的足跡和動植物、岩石、地下水年齡。

蔡友頌表示，化學元素和同位素間，如氫的同位素有氕、氘和氚，雖然原子序一樣，但原子量或質量數不同，所以在放射性轉變和物理性質等都有所差異。

蔡友頌表示，想了解血管阻塞的情形，醫師會為患者施打顯影劑，讓顯影劑發出阻塞訊號；放射性同位素好比另類的顯影劑，透過它可以追蹤瓦斯和油管破裂、酸雨、地下水流動走向，所以被稱為「示蹤劑」。

例如台灣農民有過度施肥的現象，導致土壤酸化，危害環境與生態。為了查出肥料汙染地下水的情形，在地下水井打入氚，並在方圓一定距離外挖幾個水井偵測有無氚的反應，結果就揭曉了。

如果想要知道海水蒸發的狀況，探測氣候變遷情形，科學家也常利用氚在氣態下容易擴散的本領，把它打到天空中加以追蹤，就能以此了解大氣的變化，進而用在追蹤天候對環境汙染擴散的影響上。

「碳-14」 測定年代好幫手

放射性同位素「碳-14」則是考古學家用來測定年代的好幫手。蔡友頌說，地球形成的年代久遠，因此大氣中的碳-14濃度已達到一定的平衡值，相當穩定。

而地球上的動植物體內都含有碳元素，亦即所有生物體內都有碳-14，濃度也達到一定的平衡值；當動植物死亡後，不再攝取大氣中的二氧化碳，體內的碳-14含量也開始衰減，所以只要測定生物體內每克的碳所含碳-14的輻射強度，就能算出生物死亡的年代。

如果要計算岩石或地層的年代，碳-14就無用武之地了。蔡友頌表示，碳-14的半衰期只有五千七百三十年，而地球的年紀有幾十億年，「拿碳-14來測，就是用了錯誤量尺。」

他也說，測定的對象若年紀很大，就得選用半衰期相當長的放射性同位素作為量測工作，例如「鈾-238」的半衰期大約四十五億年，拿來估算地球的壽命就很合適，這也是目前涵蓋年代範圍最廣的科學鑑定方法。

必學單字大閱兵

characteristic X-ray 特性X光
radiation 輻射
radiation dose 輻射劑量
ionizing radiation 游離輻射
isotope 同位素
shielding 屏蔽
hormesis 激效

chapter 21

香還是臭　記憶＋大腦加工決定

人類嗅覺解析

◎高詩琴、李承宇

最近接連有炸雞店、甜甜圈店、熬煮枇杷膏的中藥店等商家因產生「異味」而被民眾投訴，經環保單位確認異味擾人而被開罰單的社會新聞。個別聞起來皆是美味的食物香味，為何變成讓人受不了的惡臭？人類對氣味的好惡是怎麼形成的？

香臭判定標準　至今成謎

專長神經外科的台北市立聯合醫院中興院區院長璩大成表示，神經科學可以解釋人類嗅覺的形成，但是若要解釋人們對於氣味好惡的不同，則還須考慮個人經驗、記憶、聞到特定氣味時的情緒與荷爾蒙分泌狀況等等的生理因素，當中複雜的作用與機轉，至今仍神祕難解。

自來水公司培訓的「聞臭師」須每週兩次在檢驗室接受自乾淨的水中去聞出臭味的培訓。 資料來源／聯合報

璩大成解釋，當氣味分子經由鼻腔接受器啓動嗅神經傳導，分子的化學物質會在超過一千萬個嗅覺神經元上作一系列的化學反應。這些化學能轉為電位能，每個神經元決定其接受之電位能是否達到產生神經衝動的閾值，再決定「開」或「關」。各種神經元的「開」和「關」就像電腦計算的基本單位「1」和「0」，將形成各種組合訊號如「10001」或「11001」。

璩大成補充，每種神經元敏感度都不同。同樣的刺激，有些神經元電位能很快可達到閾值而開啓，有些則否。

個體自身的神經元群已互不相同，再加上個體間的差異，訊號的排列組合變化更是無窮，而不同的訊號，初步決定了個體對於氣味的反應。

個人經驗影響大

這些神經訊號會從嗅神經、嗅神經球，傳遞進入大腦的海馬迴，此時個人過去經驗、聞到氣味時的情緒與荷爾蒙分泌等因素，開始「加工」訊號，最後在大腦高等區域進行解讀而產生「我喜歡這個味道」、「我不喜歡這個味道」、「好噁心」、「很香」、「很臭」等感覺。

璩大成形容，神經訊號在大腦的「加工」過程十分複雜神祕，但也很容易使用簡單詞語解釋。就像我們都可以理解，為何一個曾經在海中差點溺死的人，聞到海水的氣味時會感到恐懼與厭惡。

至於人體荷爾蒙分泌狀況對氣味好惡的影響，曾有研究發現，女性體內動情激素較高時，比較不討厭男性的汗臭味，反而覺得充滿「男人味」。

但這套神祕的加工程序究竟是如何進行的？記憶是要達到多痛苦的程度才會使人對伴隨的氣味感到厭惡？璩大成說，對於這些問題，目前科學家還沒找到答案，也許未來能夠在腦神經科學領域中發現更充分的科學解釋。

能分辨五種味　就能當聞臭師

俗稱「聞臭師」的嗅覺判定員，並不需要如小說《香水》男主角葛奴乙般擁有超強嗅覺。根據「臭氣及異味官能測定法」規定，只要能夠判別花香味、糖焦味、汗臭味、成熟果實味與糞臭味等五種氣味，就具備擔任聞臭師的資格。

官能測定是用以判定檢測採樣氣體的「臭味濃度」，台大環境工程研究所教授鄭福田表示，官能測定是為找出這份氣體至少需要幾倍體積的乾淨空氣才能稀釋。

聞臭師要做的就是聞取以不同倍數稀釋的採樣氣體，並找出自己的不可聞最低稀釋倍數。每一名聞臭師因嗅覺靈敏度不同，不可聞最低稀釋倍數也都不同，平均計算，即是該採樣氣體的「臭味濃度」。

壓力大　再好嗅覺也失靈

每次官能測定皆需六名聞臭師參與，聞臭師不能化妝、噴灑香水或塗抹任何有氣味物品，測驗前須先在通風良好、安靜且令人感到舒服的空間中放鬆等待。因為情緒緊張或不穩，都會影響嗅覺力。

鄭福田說，採樣氣體稀釋倍數越大，濃度越低，聞臭師越可能聞不到。為確保效度，不同倍數稀釋的採樣氣體會隨機取出讓聞臭師聞。

舉例而言，當聞臭師可聞取三倍稀釋氣體時，為避免預期心理，工作人員不會立即送上四倍稀釋的氣體，可能先給一份七倍稀釋氣體。若聞臭師還聞得到，再把稀釋倍數往上調；若聞臭師聞不到了，再慢慢把稀釋倍數往下修，送上五倍或六倍稀釋氣體。就在「拉扯」過程中，精確找出該名聞臭師不可聞的最低稀釋倍數。

有沒有可能聞臭師雖然聞得到三倍稀釋氣體，卻反而聞不到兩倍稀釋氣體呢？鄭福田說，排除說謊可能，此時代表聞臭師當天身心狀況不適合再做官能測定。

鄭福田指出，若聞臭師當天患有感冒、鼻塞或情緒不穩、精神不振等狀況，都不應再做官能測定。另外，為避免嗅覺疲勞，聞臭師一天最多也只能做十次測定。

鄭福田說，每名聞臭師的嗅覺靈敏度皆不相同，有人天生靈敏，有人較遲鈍，正好反映普羅大眾不同的嗅覺靈敏度。

人鼻不精確　但比電子鼻靈敏

檢測氣味濃度，使用「電子鼻」儀器分析，還是使用人類的鼻子比較準？鄭福田表示，儀器較精確、客觀，但只能分析單一氣味。相較之下，人類的鼻子較不精確、易受影響，但較靈敏，能聞到儀器測不出的氣味。

人類的鼻子雖然可能較主觀，但也因這份主觀，才能忠實反映民眾對於受測氣味的感覺。

鄭福田說，不論是主觀判定的香味還是臭味，只要濃度到達一定程度，都可能讓人感到不舒服，因此在行政管理上一律統稱為「異味」。

然而，氣體濃度多少時會使人不舒服？多少時又會使人體有害？答案都是非常主觀的，目前實驗上僅可藉由血液氧氣濃度等生理指標推測某氣體對人體的影響。

鄭福田表示，正因為人的嗅覺靈敏程度大不相同，因此政府管制標準的制定也是綜合訂定。

目前空汙法規定氣體的臭味濃度在工業區與農業區不得超過50單

位，其他地區如住宅區與商業區不得超過10單位。

儀器檢測　只能測單一氣味

環保稽查人員在檢測氣體濃度時，可請聞臭師進行「官能測定」，也可使用儀器。鄭福田表示，儀器優點是精確、客觀，缺點是只能分析單一氣味。碰到兩種以上氣味混合而成的採樣氣體時，儀器只能檢測其中單一氣味。

有時單一氣味濃度並未超過管制標準，多種氣體混合後整體卻會讓人不適，這種情況儀器就不管用了。

鄭福田說，相較之下，聞臭師的檢測較不精確，無法做定質定量的控管，不過人鼻還是比電子鼻靈敏，雖不若某些動物嗅覺敏銳，但仍勝過儀器。實證研究也證明這點，有些氣體濃度儀器檢測不出，聞臭師的人鼻仍聞得到。

鮮知先贏
反恐植物 聞得出炸彈

【郭錦萍／輯譯】

它們提供食物，它們美化這個世界，現在它們甚至可以拯救生命。

美國的科學家最近成功培育了一種植物，可以用來偵測周圍是否

經過科學家改造的反恐植物，和一般植物不同之處，在於它們感覺到爆炸物時，葉片會變色。

有炸彈；因為這些綠色小兵，若發現特定化學物質，葉片就會變色。

這個研究計畫是由科羅拉多州立大學和美國國防部合作。

領導實驗的梅福德教授表示，「植物不能跑，也不能在遇到威脅時躲起來」，所以，它們只能演化出自衛系統，用以偵測或因應環境變化。

研究小組指出，植物的DNA中有一種受體蛋白，一旦察覺周遭釋放出萜烯類（terpenoids）化合物時，會把葉片變厚，進而改變葉片的顏色。

研究人員即利用這種特性，設計一套電腦程式，「教導」植物本身防衛機轉的受體，對爆炸物的特定化學物質，或是空氣或水的汙染物，做出反應。

這種經過重新設計的植物受體，是存在於細胞壁上，當識別到空氣中或附近土壤有「不良化學物質」，就會傳送訊號，原本綠色的葉子會因此變白。

梅福德形容，「研究植物偵測能力的想法，是從大自然學習而來，實驗結果顯示，這些植物的偵測能力和狗類似，但更靈敏。」

據了解，這種偵測工具可以用在所有植物，而且它還能同時偵測多種汙染物。相關的研究結果公布在2011年年初的PLoS ONE。

資料來源／每日郵報

21

必學單字大閱兵

odor unit 臭味濃度
panel 專門小組／評判小組
function determintaion 官能測定
threshold value 閾値
dilution 稀釋

chapter 22

紙片喇叭　通電震動　有聲有色

花博紙喇叭解析

◎鄭朝陽

可發聲可裝飾　紙片喇叭用途廣

台北國際花卉博覽會各館爭奇競豔，由工研院打造的夢想館沒有一朵真花，卻吸引觀衆大排長龍；館內幾項新科技讓人大飽眼福和耳福，其中，獨步全球的紙喇叭化身150片紙葉片，提供觀衆聽覺饗宴。

這款名為「可撓式超薄軟性揚聲器」的紙喇叭享譽國際，2009年獲得華爾街日報大獎。只是，揚聲器不該是長長方方的音響盒子嗎？薄薄的一片紙為什麼能發出聲音？

工研院電子與光電研究所經理劉昌和表示，工研院在2005年從軟性顯示器中發想，「當電子書都能變成一張可摺疊、隨身攜帶的輕薄紙片，為什麼不能比照辦理，把喇叭音響輕鬆帶著走？」紙片型的喇

花博新生公園區的「夢想館」，讓民眾嘖嘖稱奇。 資料來源／聯合報

叭因此誕生。

紙喇叭最小僅一張名片大小，夢想館四廳展出一面3米寬、9米高的大型紙喇叭。目前已逐漸商品化，結合床頭燈罩作為床頭音響，或被青少年放在口袋裡當隨身聽，未來結合牆上掛的藝術品，成為室內環繞音響，已不是夢想。

紙喇叭輕薄、不佔空間，還有不錯的發聲效果，是怎麼辦到的？劉昌和解釋，紙喇叭主要以兩張紙為基材，上面用金屬薄膜做前、後電極，中間夾一層經過特殊處理、帶有電荷的震動薄膜。當電子訊號透過音源線來到附有金屬薄膜的紙片時，通電的正、負電壓會分別吸引金屬薄膜上的後電極和前電極，形成震動，壓縮空氣發出聲音。

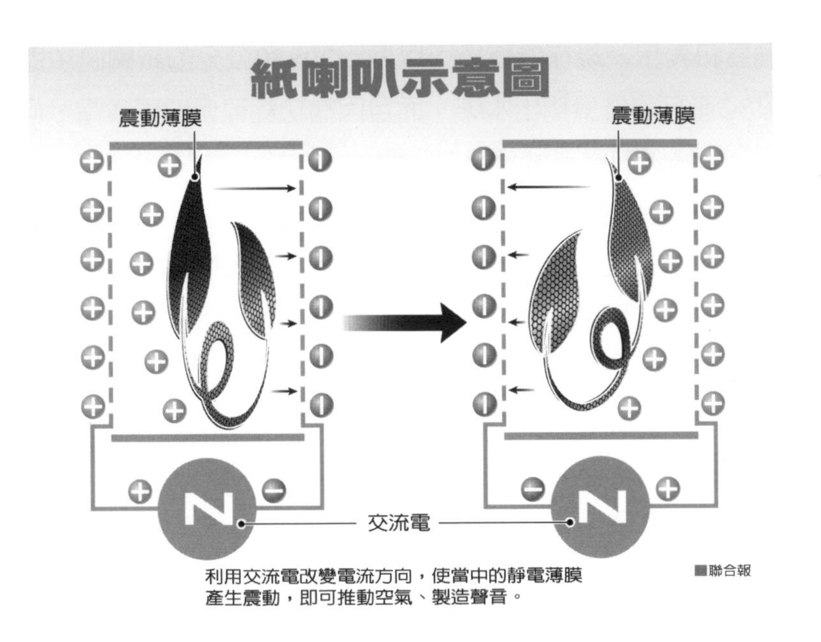

22

功耗較低更省電　音質有加強空間

劉昌和說，紙喇叭的厚度不到2毫米，薄膜震動、壓縮空氣所產生的振幅並不大，所以還無法發出和一般音響差不多的音量。不過，把多個紙喇叭串連起來安裝成為大型的紙喇叭，累加起來，就能產生大音量，向一般音響嗆聲。

夢想館內直立式裸眼立體顯示器，不用戴特殊眼鏡，就能看到立體影像，還可與畫面中的植物互動。　資料來源／聯合報

多個迷你喇叭組合的缺點是會使紙喇叭面積過大，因此還得從結構改良縮小面積，並要讓電能轉換成聲能的效率高於傳統動圈式喇叭。

劉昌和表示，現在的技術可以做到30x30公分的紙喇叭，即可達到一般3C產品的音量輸出水準，而且因為功耗較低而更省電，但在音質方面，紙喇叭的表現還有努力空間。

劉昌和說，紙喇叭發出的聲頻範圍在300赫茲～20000赫茲之間，比起一般3C產品300赫茲～12000赫茲的聲頻範圍，在高頻上的表現較優。但在低頻區段馬上被中上等級音響比下去，因為紙喇叭無法發出20～300赫茲的低頻音。

長遠來看，紙喇叭仍有不可忽視的發展潛力，如果是多片紙喇叭相連在一起，即使剪斷部分還能使用，剪下來的另一半，只要接上線路，也照樣能發聲。

利用左右眼視差　錯覺變驚喜

「3D裸眼」顯示器是花博夢想館另一項創新科技。它順應花木向上生長的特性，把橫向的顯示器變成直立式，還免除戴眼鏡才能看3D影像的麻煩。

12台65吋的直立式3D裸眼顯示器在夢想館一廳提供互動式的趣味體驗，觀眾只要揮個手勢，顯示器的攝影感應設備就接收訊息，讓顯示器裡的花朵撒出花粉，由於是3D影像，觀眾看了更有立體的臨場感。

「把顯示器立起來，用途多多。」工研院電子與光電研究所研發副組長陳俊融指出，一般電視、電腦多為橫式螢幕，未來直立式螢幕將成另一股新趨勢，例如電子廣告看板、電子相框、展覽館的藝術品展示和媒體電子化應用等。

這項顯示器的關鍵技術在以裸眼就能看到3D影像，不必再戴3D

眼鏡。要了解箇中奧祕，得從3D影像的原理說起。

欺騙雙眼　3D原理

陳俊融表示，人的兩眼瞳孔距離約6.4公分，左、右眼看到的影像會有視差，觀看近物時，視差更明顯。兩眼所見的視差影像，透過視網膜接收，再經由視神經合成，就形成了具有三度空間的立體影像。基於這種人類與生俱來的視覺特質，只要想辦法欺騙雙眼，就是營造3D影像的簡單原理。

於是，科學家仿效兩眼各看出去的影像，製作兩張有視差的平面圖，然後再強迫左眼看左圖，右眼看右圖，這樣「將錯覺化為驚喜」，看出來的就是3D影像。早在17世紀就有人這麼做。

陳俊融說，單用裸眼看電視或大銀幕上的影像總是交錯不清，若戴上偏光鏡就能強迫左右眼各看各的畫面，進而在視神經形成3D畫面。

視區越多　觀賞角度越大

3D裸眼顯示器是在螢幕前的某個距離範圍內加裝「光柵片」，它負責把顯示器面板投射出來的彩色影像分配成左右兩大視區，每個大視區裡再區分成許多個小視區，左右（裸）眼看到的影像透過這道手續被強制分配（例如左眼看一、三、五視區，右眼看二、四、六視區），兩個不同視區的影像重疊就顯示3D影像，陳俊融說：「這是把傳統3D的做法稍做變化而已。」

技術團隊花了半年、挑戰六種光柵規格，才讓裸眼立體顯示器成

不必戴偏光眼鏡，花博夢想館利用直立式的裸視3D顯示器呈現花木之美。
資料來源／聯合報

功地展現台灣花卉的美麗姿態。不過，這款顯示器仍然還有進步空間。

陳俊融表示，目前光柵片分出的視區只有左右兩區，觀眾必須在某個定點才看得到3D影像，「眼睛偏移一點就看不到3D了。」

如果想要更多的觀賞自由度，就得分多一些視區，「然而視區愈多，畫面解析度就打愈多折扣」，這是兩難的技術瓶頸。

脈衝波　能隔空測血壓心跳

花博夢想館360度的環形劇場成了最夯的排隊場館，因為這裡不但能體驗台北101大樓、圓山飯店等知名地標同時施放煙火的震撼場景，且光靠深呼吸就能讓小樹苗長成大樹的噱頭，也讓觀眾嘖嘖稱奇。

「準備，一、二、三深呼吸！」現場導覽人員下口令，觀眾呼出一大口氣，螢幕上的小樹苗隨之長高變壯，「氣功」了得！事實上，這是利用「超寬頻脈衝波」感測人體呼吸時胸腔的運動情形，電腦依照運動頻率指揮樹苗長大。

工研院量測中心副理張匡儀表示，超寬頻脈衝波是低功率的電

花博「夢想館」二廳的「巨大花瓣迷宮」，讓參觀民眾化身昆蟲，穿梭在花瓣迷宮中，透過傳遞花粉過程，感受植物與昆蟲的互利合作關係。 資料來源／聯合報

磁波，屬於不連續波，和無線網路、藍芽的連續波不同。這種隔空、非接觸式的感測技術最早是作為國防軍事用途，俄羅斯利用它低功率（不易被偵察）、卻能穿越建築物等障礙物的特性，做大範圍的「航空雷達」，但又不像雷達那麼容易被發現。

花博遊戲　未來醫療應用

八、九年前，工研院造訪俄國莫斯科工業大學，雙方合作把這種非接觸式感測技術用在醫療上。張匡儀說，要量測心跳、血壓，通常得貼上電極貼片連接儀器，但對燒燙傷病患來說，紅腫的皮膚表面不宜有貼片，而且這種「有線」的量測方法對醫師移動病患也不方便，因此利用脈衝波研發出全球第一款非接觸式的生理感測技術，不必接觸病患就能精確掌握其生理狀況。

這次工研院為花博夢想館策展，就想到用脈衝波結合無線網路，打造360度的環形劇場，讓觀衆經由互動，體驗人和自然的共鳴。觀衆看到的螢幕其實是一片漆成灰白色的矽酸鈣板，只供投影之用；螢幕後方不到10公分處裝設脈衝波感測儀器，螢幕前的觀衆距離儀器1.5公尺左右。

當觀衆站在畫好的圓形區深呼吸，偵測儀已透過天線鎖定觀衆的胸、腹腔區（約20平方公分）發出脈衝波，這時人體呼吸運動的訊號傳回儀器，經過電腦判讀，馬上依照胸腔運動量大小指揮樹苗長大。為什麼要深呼吸？「深呼吸時，胸腔和腹腔的運動位移量最明顯，訊號最強。」張匡儀說。

22

脈搏運動　蝶蛹催生器

觀衆還能玩另一種蝶蛹破繭而出的遊戲。讓樹長大是靠感測胸腔的位移量，「破繭而出」則靠隔空量測心跳（脈搏）達成。測心跳的難度比較高，因為心跳造成皮膚表面的運動量較小，也容易遭外在環境的雜訊干擾，因此解說人員會要求觀衆把手掌放在螢幕上的指定位置，讓脈搏為蝶蛹催生。

張匡儀表示，未來這項技術可廣泛用在醫療用途上，例如剛開完刀的病患可用它了解腸子蠕動狀況，不像以往要等三、五天放屁排氣才能進食。另外，充氣再洩壓的傳統血壓計也可能退出江湖，由這項感測器取代。

必學單字大閱兵

flexible speaker 紙喇叭（可撓式揚聲器）
pulse wave 脈衝波
electromagnetic wave 電磁波
low power 低功率

chapter 23

原子量不固定 科學界新共識

化學元素解析

◎蔡永彬

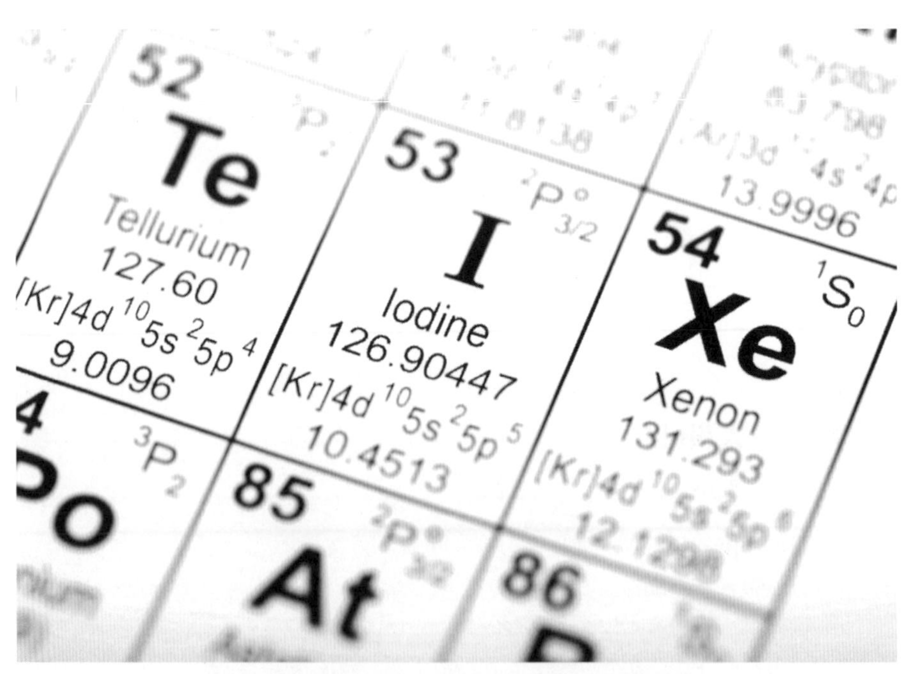

我們生活中所用的東西，都是由化學元素所組成，而且樣態變化多端。

十個化學元素的原子量，即將從固定的數值改為一個範圍，起因是元素的同位素組成沒有固定的比例關係。台灣大學地質科學系副教授沈川洲指出，具有兩個以上同位素的元素，在不同的地方，如海洋、地殼、大氣或外太空，其同位素的比例都沒有恆定，所以原子量並不是一個固定值。

沈川洲認為，未來「國際理論與應用化學聯合會」（IUPAC）還會更動更多元素的原子量。

沈川洲舉例，水（H_2O）由氫和氧組成，但是如果依原子量，自然界中穩定的氫有氫-1（含量99.9885％）、氫-2（含量0.0115％，稱作「重氫」、「氘」，元素符號D）、氫-3（極微量、有放射性，稱作「超重氫」、「氚」，元素符號T）；氧也有氧-16（含量99.757％）、氧-17（含量0.038％）、氧-18（含量0.205％）三種，排列組合下的「水」其實可以細分為九種，只是絕大多數的水都是「氫-1」和「氧-16」的組合。

23

蒸發降雨過程　改變氫氧原子量

沈川洲說，在海水蒸發時，分子量小、比較「輕」的水就容易先蒸發成氣體。相對海水而言，一般來說，海面上水氣的氫-2約少了8％、氧-18則少了1％。

水氣聚集成雲後降雨，比較「重」的水落下的比例較高，相對較輕的水氣（雲）就一路飄進南、北極區；回頭和海水相比，極區雲的氫-2少了30％、氧-18少了5％。「所以在赤道海面撈一杯海水，和在南極挖一塊雪，兩者H_2O的輕重差很多！」因為經過自然界的蒸發及降雨過程後，氫和氧的平均原子量在極區雪中比在一般海水中都來得小。

自然界中同位素差異還有許多例子，例如植物吸收大氣的二氧化碳行光合作用，經生化循環後，葉片裡的碳比大氣裡的碳來得「輕」，單就碳-13含量來說，在葉子裡的含量可以比在大氣中少一至兩成。

釷同位素　比例變化差距大

沈川洲說，比較極端的例子是鉛和釷；鉛有四個穩定同位素，為鉛-204、鉛-206、鉛-207及鉛-208；在鐵隕石、石隕石及地球上的現代沉積物中，鉛的同位素比值可以相差好幾倍，主要原因是受鈾系放射性母核種的組成不同及其長期衰變的結果。釷的同位素釷-230和釷-232組成，在火成岩裡，其比例約為1比100萬；但在珊瑚、洞穴鐘乳石等的碳酸鹽類石灰岩中，其同位素比例甚至可以到1比1。

教科書經常提到科學家利用碳-14來測量古物及化石的年齡，沈川洲指出，同位素還能提供更多地球科學及人類學等有趣的運用。

例如透過海洋生物殼體的氧同位素紀錄，揭露出地球過去百萬年來，穩定的冰期－間冰期的十萬年循環週期；可以利用動物骨骼的同位素比值，知道牠的棲地位置及可能的食性；如果是洄游魚類，可以用魚耳石的氧同位素變化，探究牠的洄游歷史。

鉛的同位素比值在考古學上，可判別古器物，例如青銅器及陶瓷的原料來源，進而了解古文明的當時經濟規模、社會發展及文化脈絡。

首張週期表　出自門得列夫

化學從「鍊金術」（在中國則是「煉丹房」）開始發展，

「原子」的概念起於英國科學家道耳吞（John Dalton）的「原子說」，而「分子」的概念則由義大利科學家亞佛加厥（Amedeo Avogadro）闡述。

19世紀時，隨著人類發現的化學元素愈來愈多，科學家們開始發現元素的性質似乎有規律。例如有人提出「三元素組」，把元素每三個分成一組，也有人畫出「螺旋圖」試圖排列元素，還有「六元素表」、「八音律」等，都是想找出元素間的規律關係，只是效果有限。

1871年　第二版週期表誕生

1869年3月，俄國科學家門得列夫（Dmitri Mendeleev）在他的論文《元素性質與原子量的關係》中，提出了「元素週期律」和他的第一張「元素週期表」，他利用「原子量」從小到大作為排列依據。當時發現的元素有63種，他卻大膽畫出67個位置，把空格依照位置暫時命名為「類硼」（和硼相似）、「類鋁」、「類矽」等等，門得列夫認為多出的四個空格只是還沒發現而已。

沒幾年後，類硼、類鋁、類矽真的被發現了，就是現在的鈧、鎵、鍺。

此外，門得列夫還重新測定了許多元素的原子量，在1871年12月發表第二版元素週期表。

依據原子核正電數　重排週期表

但門得列夫也發現，週期表依原子量排列會有不規則情況，例如

元素週期表

週期	1	2	3	4	5	6	7	8	9	10	11	12	13	14	15	16	17	18
族	IA	IIA	III B	IV B	V B	VI B	VII B	VIII B	VIII B	VIII B	I B	II B	III A	IV A	V A	VI A	VII A	VIII A
週期	典型元素		過渡元素										典型元素					惰性氣體
1	1 H 氫 1.008																	2 He 氦 4.003
2	3 Li 鋰 6.941	4 Be 鈹 9.012											5 B 硼 10.81	6 C 碳 12.01	7 N 氮 14.01	8 O 氧 16.00	9 F 氟 19.00	10 Ne 氖 20.18
3	11 Na 鈉 22.99	12 Mg 鎂 24.31											13 Al 鋁 26.98	14 Si 矽 28.09	15 P 磷 30.97	16 S 硫 32.07	17 Cl 氯 35.45	18 Ar 氬 39.95
4	19 K 鉀 39.10	20 Ca 鈣 40.08	21 Sc 鈧 44.96	22 Ti 鈦 47.88	23 V 釩 50.94	24 Cr 鉻 52.00	25 Mn 錳 54.94	26 Fe 鐵 55.85	27 Co 鈷 58.93	28 Ni 鎳 58.69	29 Cu 銅 63.55	30 Zn 鋅 65.39	31 Ga 鎵 69.72	32 Ge 鍺 72.59	33 As 砷 74.92	34 Se 硒 78.96	35 Br 溴 79.90	36 Kr 氪 83.80
5	37 Rb 銣 85.47	38 Sr 鍶 87.62	39 Y 釔 88.91	40 Zr 鋯 91.22	41 Nb 鈮 92.91	42 Mo 鉬 95.94	43 Tc 鎝 98.91	44 Ru 釕 101.1	45 Rh 銠 102.9	46 Pd 鈀 106.4	47 Ag 銀 107.9	48 Cd 鎘 112.4	49 In 銦 114.8	50 Sn 錫 118.7	51 Sb 銻 121.8	52 Te 碲 127.6	53 I 碘 126.9	54 Xe 氙 131.3
6	55 Cs 銫 132.9	56 Ba 鋇 137.3	57-71 鑭系元素	72 Hf 鉿 178.5	73 Ta 鉭 180.9	74 W 鎢 183.9	75 Re 錸 186.2	76 Os 鋨 190.2	77 Ir 銥 192.2	78 Pt 鉑 195.1	79 Au 金 197.0	80 Hg 汞 200.6	81 Tl 鉈 204.4	82 Pb 鉛 207.2	83 Bi 鉍 209.0	84 Po 釙 (210)	85 At 砈 (210)	86 Rn 氡 (222)
7	87 Fr 鍅 (223)	88 Ra 鐳 (226)	89-103 錒系元素	104 Rf 鑪 (261)	105 Db 𨧀 (262)	106 Sg 𨭎 (263)	107 Bh 𨨏 (262)	108 Hs 𨭆 (265)	109 Mt 䥑 (267)	110 (269)	111 (272)							
			鑭系元素	57 La 鑭 138.9	58 Ce 鈰 140.1	59 Pr 鐠 140.9	60 Nd 釹 144.2	61 Pm 鉕 144.9	62 Sm 釤 150.4	63 Eu 銪 152.0	64 Gd 釓 157.3	65 Tb 鋱 158.9	66 Dy 鏑 162.5	67 Ho 鈥 164.9	68 Er 鉺 167.3	69 Tm 銩 168.9	70 Yb 鐿 173.0	71 Lu 鎦 175.0
			錒系元素	89 Ac 錒 (227)	90 Th 釷 232.0	91 Pa 鏷 (231)	92 U 鈾 238.0	93 Np 錼 (237)	94 Pu 鈽 (239)	95 Am 鋂 (243)	96 Cm 鋦 (247)	97 Bk 鉳 (247)	98 Cf 鉲 (252)	99 Es 鑀 (252)	100 Es 鐨 (257)	101 Md 鍆 (258)	102 No 鍩 (259)	103 Lr 鐒 (260)

原子序 —— 56
元素符號 —— Ba
元素名稱 —— 鋇
原子量 —— 137.3

固體　氣體　液體　兩性元素　人造元素

註／目前發現118個元素，但有9個仍無中文名稱。

■聯合報

碲的原子量比碘重，但從化學性質看來，碲卻要排在碘之前。1913年，英國科學家莫塞萊（Henry Moseley）在X射線的實驗中，認為原子核的正電數目決定元素的化學性質，提出「原子序」的概念，並以此重排週期表。

目前通用的週期表依原子序由小到大排列，也經過多次修訂。橫列稱為「週期」，直行稱為「族」，截至2010年為止，共有118個元素。

原子量變動　環保、醫療有影響

2010年「國際理論與應用化學聯合會」（IUPAC）宣布，氫（元素符號H）、鋰（Li）、硼（B）、碳（C）、氮（N）、氧（O）、矽（Si）、硫（S）、氯（Cl）和鉈（Tl）這十種化學元素的原子量將會變動，未來它們的原子量將改為一個範圍，而非只是一個固定的數值。

台灣大學化學系教授陳竹亭指出，目前採用的元素原子量數據是依它的同位素所佔比例平均而得。但地球並不是一顆「均勻的行星」，在不同地方採得的礦產，即使經由純化後，因為同位素含量不同，平均的原子量也有可能不一樣。他認為原子量不同的兩個主要因素就是「取樣的地點」和「同位素間的比例」。

「原子量從固定數值改變成區間範圍」乍聽之下和我們好像很遙遠，但陳竹亭分析未來將和人類息息相關，問題主要出在「檢測標準」；不只教育，還會有法律、環保、保險、醫藥、運動競技等多方面的影響。

「新聞辭典」週期表

● 原子序

原子序指一個原子核內「質子」的數量，由英國科學家莫塞萊提出，代號為Z。他在X射線的實驗中，認為原子核的質子數決定元素的化學性質，就以此為依據，重新排列元素週期表。因為同一元素的原子序都是固定的，所以通常不特別寫出來。

● 原子量

道耳吞除了提出「原子說」之外，也提出了「原子量」的概念，指的是「原子的相對質量」。同一種元素可能會有不同的原子量，所以如果同時提到，常在元素後標上原子量數字，以免混淆。

道耳吞定氫的原子量為1，作為各種化學物質的比較基準。此後科學家們曾把氧定為16，比較基準也換為「氧的1/16」；1929年卻發現自然界中的氧有3種原子量（氧－16、氧－17、氧－18，後兩者含量很少）；1961年，化學界把「碳－12」的原子量定義為12.00000，以「碳12的1/12」定為原子質量單位（amu），約是1.66×10^{-27}公斤。

● 同位素

原子中含有質子、中子、電子3種主要粒子，三者重量加起來約略等於原子的重量；同位素指質子、電子數相同，但中子數不同的同一種化學元素。週期表上，它們在同一個位置，化學性質幾乎一樣，但質譜性質、放射性和物理性質有差異。相同元素中的同位素可能在自然界中存在，也可以由人工合成。

製表／蔡永彬　■聯合報

定好區間範圍　禁藥檢驗更明確

陳竹亭舉例，國際運動比賽的禁藥檢驗，多半測量尿液中的「睪固酮」，也就是碳、氫兩種元素的含量。這兩者都名列在更動的十種元素中，如果不趕快訂出明確的數值標準，未來運動場上可能會有人在藥檢後就莫名其妙「失格」，一定吵翻天。

環保檢測也是一樣的道理，陳竹亭說，氯有「氯-35」和「氯-37」兩種同位素，是主要的汙染物檢測標的之一。汙染測定的濃度都在ppm（百萬分之一）甚至ppb（十億分之一）等級，但這次原子量變動可能大到小數第二位（百分之一），他認為這個問題在環保上不應該隨便忽略。

陳竹亭說，在定量實驗中，原子量是很重要的基本數據，未來將直接影響實驗結果；如果是藥物實驗，在純度上的定義該怎麼規定？健保該怎麼判定給付？都是未來可能的問題。

不過在課堂上，陳竹亭認為只要老師把觀念講清楚，考計算題時適度放寬答案範圍就可以因應。

必學單字大閱兵

atomic number 原子序
atomic weight 原子量
isotope 同位素
periodic table 化學元素週期表

chapter 24

脊骨鬆　臉骨碎　水泥灌漿搶救

骨醫療解析

◎劉惠敏

前一陣子前悠遊卡董事長連勝文幫市議員候選人站台時頭部遭槍擊，一度傳出因骨頭碎裂，可能考慮用骨水泥修補。但更常見的是，不少年紀大的婦女因腰痠背痛就醫，才發現是骨質疏鬆，骨骼脊椎體嚴重「空洞化」，醫師也會建議灌「骨水泥」。骨水泥是什麼？就真的像建築工事一般，把水泥灌漿到脊椎中，就可以「撐起」塌陷的骨骼結構？

1960年代後　快速擴展

台北醫學大學附設醫院骨科主治醫師范政裕解釋，骨水泥的主要成分為「聚甲基丙烯酸甲酯」（Polymethyl Methacrylate, PMMA），它其實是一種高分子聚合物，在1960年代時開始應用於牙科當「黏著劑」，幫助假牙、牙套黏合，後來骨科開始研發在人工關節上的應用，之後應用面就快速擴展，近十年開始用在骨質疏鬆治

年紀大的人要強化骨質，水中有氧運動是不錯的選擇。圖中教的是水中皮拉提斯（Pilates），利用水中阻力增加運動量，預防骨質疏鬆症及運動傷害。 資料來源／聯合報

療、癌症造成骨損害、脊椎體的填充上。

其實骨水泥就是一種「壓克力」，范政裕解釋，液態相與粉末相的骨水泥成分充分混合、攪拌後，經過一段時間會硬化，形成如一般人熟知的壓克力硬態，由於人工關節置入人體後，須與人體骨骼結合，才能穩固，如人體的關節便利使用，骨水泥可以提供穩固的接合。近十年來用於骨質疏鬆、病理性骨折上的「骨水泥灌漿椎體整形」（Vertebroplasty），或稱之為脊椎整形術。

空洞填補　借用骨釘

范政裕說，脊椎與脊椎之間正常的狀況應該是像一塊塊磚頭堆

疊，才能組織完整的支撐力，但若脊椎骨質流失、空洞化，嚴重時甚至壓迫超過脊椎承受程度，造成塌陷、脊椎壓迫性骨折，傳統治療無法有效改善時，會利用骨水泥「填充」，或是骨釘固定。

林口長庚醫院骨科部主任陳文哲說，此種脊椎整形術主要利用微創手術，僅需要極小的傷口，透過X光透視導引，利用針頭插入脊椎骨內，再把液狀的骨水泥注入，等待硬化後，即可增加承受重量的強度，因此也能改善疼痛感。

另外，范政裕說，因為癌症等病理性因素造成的骨骼空洞，也可以用骨水泥填充，特別是在化學、放射治療後，骨骼細胞死亡難以再生長，因此必須使用骨水泥將空洞填補，便於支撐。

有些狀況是，就算中間的空洞填補，但旁邊骨骼也要夠強才能「撐起」，這時就會在上、下一節椎體，再合併使用骨釘。

若是骨折、感染引發的骨髓炎，則可能須挖除感染的骨骼，這時也可用骨水泥混合抗生素來填補骨頭缺損處。

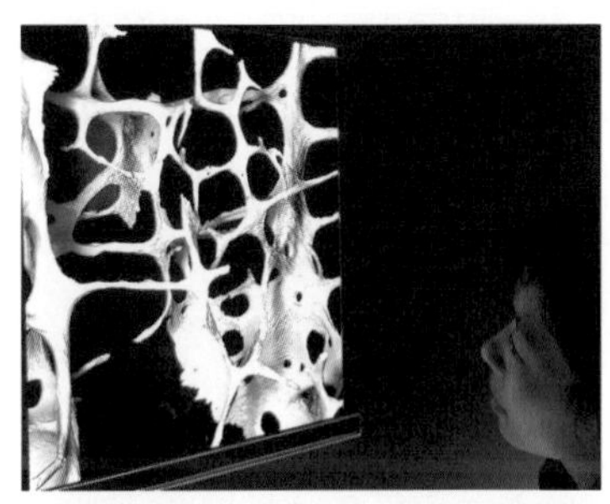
導致骨質疏鬆症的破骨細胞，在電腦顯微攝影鏡頭下，顯得奇特美麗。　資料來源／聯合報

灌漿後硬化　難處理

范政裕說，骨水泥雖是外來異物，但並不會造成人體排斥，但若是在手術過程感染，因「灌漿」後在椎體硬化，之後較不易處理，另

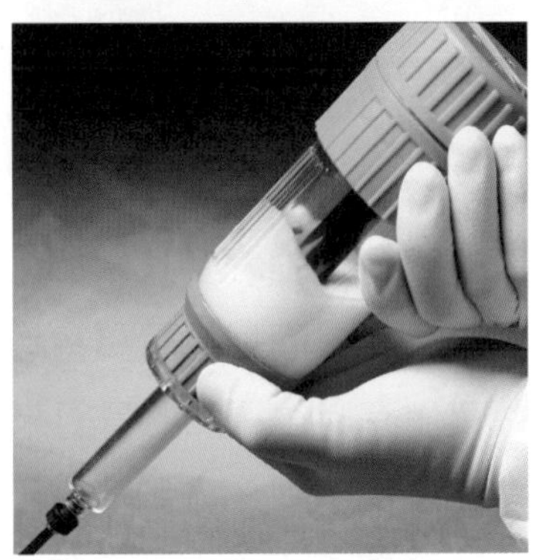
用來修補人類骨頭的骨水泥，外觀看起來也和工程用的填補劑很像。（取材自網路）

24

外的風險是，在還未硬化前必須注射，若骨骼附近破損處，導致骨水泥滲漏，可能會影響、刺激到鄰近神經。

陳文哲說，壓克力（PMMA）的材質因不會與骨骼相容，介面之間無法完全的密合，可能會在一段時間後鬆脫，在注射後、成形過程也因會發熱，可能燒灼到組織和神經。

因此近年醫界研發生物性、可吸收性的人工骨水泥，主要是磷酸鈣、硫酸鈣成分的骨水泥，與人體骨骼成分相近，因此經過一段時間可吸收，與周圍骨骼「融合」，可吸收的好處便是不易鬆脫，且即便已不是液態狀、變成黏稠的牙膏狀，仍可以輕易灌漿，成形過程接近室溫，也不會有高溫的副作用。

但目前可吸收性的骨水泥價格較昂貴，1c.c.就要上萬元，比壓克力材質骨水泥高出幾十倍，因此通常會依照病患的經濟負擔能力、使用年限多方考量。

鈦合金骨釘　逐漸取代不鏽鋼

裝骨釘，40歲以上沒症狀……不須取

人體是由許多大大小小骨骼撐起來的，骨頭斷了，可以用骨釘、骨板固定，而對於骨質疏鬆造成的空洞，除了以骨水泥「灌漿」、充填外，有時也得加上骨釘來增加強固性。

陳文哲說，骨釘最常用於脊椎或四肢的骨折，利用不鏽鋼或鈦合金等金屬做成的大小骨釘，在手術時置入，近年因為核磁共振等影像檢查成為常態，不鏽鋼材質骨釘會干擾檢查，因此近年愈來愈多醫師使用鈦合金骨釘。

骨釘拔不拔　取決於年紀與適應度

骨釘既然是固定物，骨骼長好了，是否就應該要盡快取出？范政裕說，一般來說並不需要特別將骨釘取出，通常可以與人體組織共存，但金屬外來物可能因溫度而有輕微的熱脹冷縮，導致不適，有這類情形就需要取出，減少不舒服的感覺。

陳文哲說，通常醫師會建議，40歲以下患者，拔除骨釘手術風險低，還是在骨骼恢復癒合後取出骨釘，若40歲以上患者，無症狀時便不須取出。

除了金屬材質的骨骼固定物，近來也出現不少使用磷酸鈣等合成生物性材質做成的骨釘，生物性材質可逐漸與骨骼融合，不過范政裕說，可吸收的骨釘，往往強度較低，不如金屬材質穩固。

陳文哲也說，目前可吸收的骨釘，多用於很小的關節或細骨，如手指頭骨折斷裂，但不適合用在脊椎、大腿骨等骨折處，吸收速度若遠快於骨骼癒合、復元速度，就很有可能再次斷裂。

鼻腔放氣球　支撐裂骨

連勝文遭槍傷送台大治療時，醫療團隊在顴骨靠近鼻腔處放置兩個氣球，支撐破裂的顴骨。前三軍總醫院整形外科主治醫師、目前自行開業的周聽鐸說，像這種時候，泌尿科用的氣球導尿管最好用。

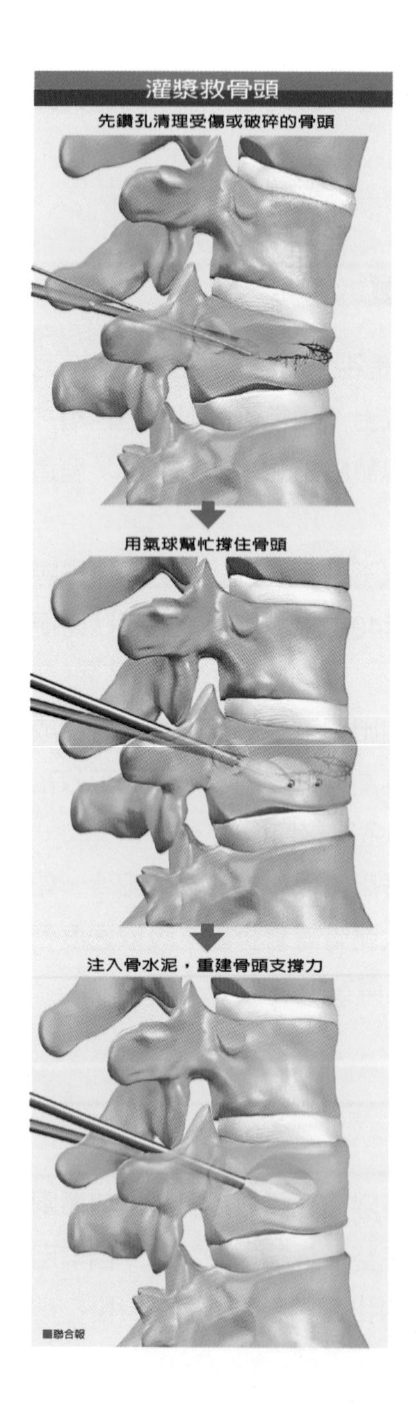

導尿管的構造有一條細長的導管，前端有個小氣球。周聰鐸說，若要支撐破碎的臉部骨頭，導管會從鼻腔進入，把氣球放在顴骨靠近鼻腔的上頷竇，再透過導管，把水或氣體打進去，利用膨脹球囊，暫時撐起病患的臉部骨架。

氣球壓迫　有利止血

周聰鐸說，打進氣球的氣體或水量，要看鼻竇空間大小而定；氣球不只可以撐起破碎、略微塌陷的顴骨，便於清創手術時，清除子彈及骨頭碎片，還能壓迫止血，有利傷口癒合。

不只如此，流鼻血時，若出血點在鼻腔後半部或鼻咽，也可以使用導尿管氣球壓迫法，加壓止血。

不過，氣球放置在鼻腔內的時間也不能太長，以連勝文為例，四天左右就移除，不會撐到顴骨骨折完全癒合。周聰鐸說，一般而言，至少會以氣球撐三天，受壓部位先是泛白，壓久會褥瘡，甚至壞死。

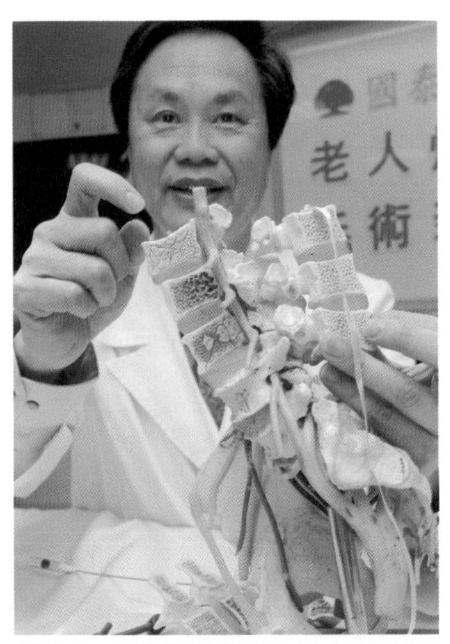

醫師表示，右邊椎體有如鬆垮的沙地，左邊將骨水泥（PMMA）灌進崩塌的椎體，讓骨質密度高，就不容易受傷。 資料來源／聯合報

周聰鐸指出，連勝文顴骨實際坍塌情況，約要傷後兩個月才能真正明朗。他說，骨骼斷端會形成骨痂，小碎骨及血塊會被吸收掉，但只要骨膜還在，骨頭就有潛在癒合能力。不過，比起傷後清創手術，未來整形才是大工程。

鮮知先贏
太陽軌跡 呈8字形

【郭錦萍／輯譯】

如果在一年中每隔固定時間、在固定地點、固定時間拍攝太陽，然後再集合起來，你覺得最後會得到怎樣的照片？

美國國家地理雜誌網站每日新聞最近公布一張在匈牙利、用前述方法拍的照片，當中太陽的軌跡竟是呈現「8」字形。

這張照片是用36張照片合成，它們全部是在2010年1月至12月間、當地時間早上10點，在匈牙利一個小鎮同一地點拍的。

因地球旋轉的軸心是傾斜的，所以雖然是繞著太陽轉，但從同一點看，太陽位置還是會變化。比對國家地理雜誌公布的照片，太陽出現在最高點的那一天是夏至，至於最低點那天正是冬至。

天文攝影網站「The World at Night, TWAN」的創始人受訪時提到，這類太陽軌跡照片必須每個環節都很精確，實際操作難度其實很高，所以即使早從1979年就已經有人發現太陽軌跡的祕密，但至今世界僅有20人公布成功拍到的太陽8字形軌跡圖。

從地球看是這樣，從太陽系其他星球看太陽也是這樣嗎？計算各個行星軌道，從部分星球表面觀測太陽，可能也會看到8字形的軌跡圖，但如水星，由於軸傾角和行星軌道的影響，看到的太陽軌跡，較可能會是一條橫貫東西的直線；若是從火星看太陽，拍到的軌跡圖可能會類似淚滴。

資料來源／國家地理雜誌網站

必學單字大閱兵

bone cement 骨水泥
orthopedics 骨科
osteoporosis 骨質疏鬆症
joint 關節

chapter 25

不只好吃　花博好菜 淨水去汙

花博設備解析

◎黃驛淵

台北花博開幕一個多月，已吸引破200萬人次參觀，佔地91.8公頃展區中，有十四個各具特色的展館，其中位於新生公園區的新生三館外圍渠道內的「空心菜」，開幕前一路攻佔媒體版面至今，先是被議員質疑造價太貴，開幕後，許多人慕名而來一睹丰采，才知「花博空心菜」，功用原來是用來淨化水質。

花博新生三館外有條長174公尺的「礫間淨化水道」，赫赫有名的「空心菜」就種在這，不過，放眼望去，水道及池子種滿了各式各樣水生植物，包括茭白筍、荸薺、水芋，還有常見的布袋蓮，仔細數一數竟有近四十種，空心菜只有五盆，僅佔一小部分。這些水生植物卻非「開心農場」種好玩而已，而是有淨化水質的功能。

九典聯合建築師事務所建築師張清華、郭英釗利用兩座「漂浮植物池」、一條「礫間淨化水道」再加上三座「水花園」生態池，在新生三館基地打造了淨化水質系統，不但能夠過濾、淨化基隆河水，還能回收再利用成為新生三館植栽澆灌用水。

礫石加速沉澱　植根降低水中需氧量

花博夢想館外有淨化水質的多種蔬菜。

花博新生三館的特殊造型屋頂及集水溝，都有收集雨水的功能。

花博新生三館的水花園（生態池）。以上照片資料來源／聯合報

淨化系統從新生三館基地旁的建國大排幹渠引進基隆河河水，再經「蓄水沉砂池」用「重力流」方式將河水導引進兩座「漂浮植物池」。

漂浮植物池種滿大萍及布袋蓮。大萍的根系附生藻類與細菌，可削減水中的生化需氧量（BOD），布袋蓮則有發達的根系纖毛，可以吸附水中的懸浮固體及水中的氮。

經初步過濾的水，直接流入礫間淨化水道。水道內擺滿礫石，用來加速沉澱、阻擋懸浮物流動，礫石間孔隙更布滿生物膜，幫助分解水中化學物質。

水道中的30多種水生植物，空心菜可吸收氮、磷、重金屬，茭白筍的根系則附著微生物，幫助分解有機物質，另外像是蘆葦、野慈姑、香蒲、燈心草等都可降低水中生化需氧量，或吸附水中氮、磷、鎘等物質，達到淨化功能。

經各種水生植物淨化過的水，最後流進三座水花園，一方面仍持續淨化水，生態池也吸引許多昆蟲、蛙及魚類棲息，更成為遊客觀賞拍照的景點。淨化水最後匯流到「灌溉蓄水池」，就可用來澆灌新生三館的植栽花卉。

地冷系統潛伏　免空調

台北花博新生三館日前奪下台灣建築獎首獎——「綠建築設計」，其中未來館更設計「地冷系統」，一樓大廳內夏天不用開冷氣，就有涼風吹拂。

「地冷系統」主要是透過「熱交換」原理讓熱風變冷風。建築

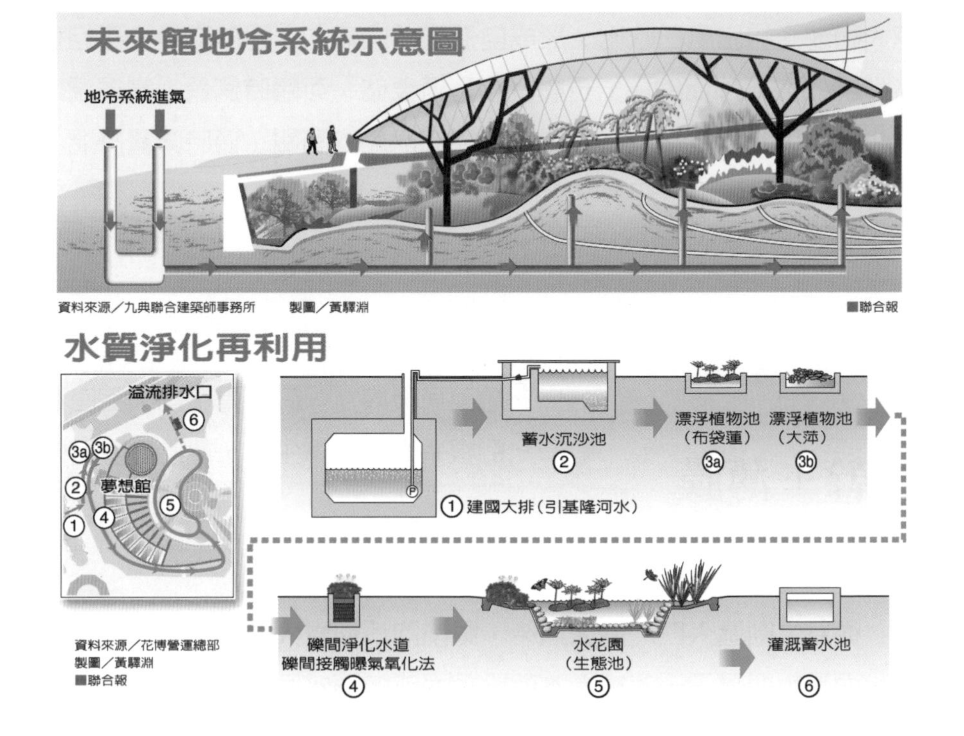

師在未來館外的大樹樹蔭下設置了多個「進風口」，當館外熱風吹往進風口時，因樹蔭下溫度低，先降一些溫度，進風口內部還裝有風扇，熱風吹入進風口後，被風扇帶往三公尺深的地底涵管進行「熱交換」。

自然冷氣　平均減3度

九典聯合建築師事務所專案建築師林章鍊指出，因地底溫度較地面低很多，當涵管的管壁與地底土壤直接接觸，就會「預冷」，此時，管內溫度較高的空氣與管外溫度較低的土壤就會產生溫差，進行「熱交換」，幫助管內空氣降溫。

降溫後的冷空氣再透過風扇送往一格格的箱體，最後再透過未來館大廳地面的出風口吹出，形成自然的「冷氣」。經熱交換，平均可減少2到3度。展館的屋頂更設計小型氣象站，可隨時測量、掌握溫濕度，並利用全智慧電腦系統，隨時控制窗戶的開關，適時噴霧降溫，讓未來館的大廳不用空調就能長保涼爽。

迎賓道巧集雨，超省水

木幹＋薄膜

花博處處蘊藏「綠」概念。

從新生園區入口經過大廳後，眼前的「迎賓大道」不是一般柏油路，而是用四萬三千多根原木幹設計而成的雨水回收系統。新生三館的屋頂及天窗也設計了雨水回收器蒐集雨水。這些雨水回收後，供應園區內花海及綠牆植栽的澆灌用水。

迎賓大道長90公尺、寬8公尺，建築師先在地底下用一個個牛奶塑膠箱拼組成一個大型的儲水槽，可容納500噸雨水。

底表則捨棄一般不透水柏油、混凝土鋪面，而是把森林裡倒塌、不要的樹幹裁成一根根高30公分的原木幹，再把一根根大小不同的原木幹拼成迎賓大道。

集雨節水　迎賓大道有妙用

每根原木幹的間隙撒上細碎石子，雨水透過滲透，迎賓大道就變身成一個可以回收雨水做澆灌的「雨水回收大道」。夾在原木幹及儲水槽之間的區域，一層一層鋪上透水性牆的不織布及襯墊砂，滲透並過濾雨水。

下雨時，雨水碰觸到原木幹組成的大道，透過木幹及細砂流進下一層的襯墊砂，接著經不織布過濾，最後停留在導水板這一層。導水板將雨水引流至淨水沉澱設施，經沉澱後，再由透水管導流至儲水槽裡儲存。大道的周邊還設有抽水馬達，每天到了花圃澆灌時，就可用蒐集來的雨水澆花。

新生三館的屋頂及天窗也暗藏玄機。林章鍊說，例如未來館屋頂有兩個大大的薄膜，正是比照上海世博「水立方」的ETFE（聚四氯乙烯，俗成鐵氟龍）材質，不但透光性強，兩個圓形及橢圓形的薄膜周邊還各自設計了一圈「集水溝」可蒐集雨水，經淨化後，便儲存在筏基水箱作為澆灌用水。

他估計，夢想館屋頂每日澆灌兩次需要5噸水、綠牆2噸，未來、

25

生活館屋頂每日需12噸、綠牆4噸，三館一天共需23噸水。當筏基水箱滿水後約可蒐集1600噸，換算下來，雨水蒐集每滿水一次，新生三館就可有七十天的澆灌用水，有效節約水資源。

花博夢想館外的水芋。

花博新生三館迎賓大道採用原木幹組合，且可做雨水回收。

花博新生三館外作爲礫間淨化系統水生植物之一的空心菜（見圖）。

花博夢想館外的茭白筍。以上照片資料來源／聯合報

必學單字大閱兵

wastewater purification in aggregate 河水礫間淨化系統
geothermal cooling system 地冷系統
water resource reuse 水資源再利用
rainwater recycling 雨水回收系統
green building 綠建築
energy saving 節能
water convolvulus 空心菜
water bamboo 茭白筍

chapter 26

不要你動手　沒人駕駛　車子更聰明

自動駕駛解析

◎鄭朝陽

在傳統的汽車中，駕駛人為顧及安全，得隨時專注路況，但先進的高科技自動駕駛系統讓駕駛人可以輕鬆聽音樂、賞風景，甚至打開

電腦處理公事。

最近自動駕駛研發不斷傳出捷報，網路搜尋巨擘谷歌（Google）在美國加州1號公路上測試自動駕駛的未來車，這七輛車共行駛超過23萬公里，其中1600公里完全沒有駕駛人，其餘要人介入的情況，則是像單車騎士闖紅燈等非正常狀況。而整個自動駕駛測試只出過一次車禍，且是停等紅燈時被後方車輛追撞。

最遠長征 1.5萬公里

義大利的無人駕駛汽車則從北部出發，穿越歐洲、西伯利亞、蒙古一路南下抵達上海的世博會場，一萬五千公里長征，創下史上最遠無人駕駛汽車之旅。

這些測試成果不代表自動駕駛科技安全無虞，但它讓駕駛人的手腳離開方向盤和油門，解除精神緊繃，幾無肇事紀錄，對研發團隊是一大鼓舞。

「這不是電影情節，自動駕駛的時代真的快來了。」台灣大學電機系教授傅立成認為，飛機早已採用自動駕駛，當駕車也交給一套科技系統，「就像搭公車和無人駕駛的捷運一樣，習慣之後，也就不在乎有沒有駕駛了。」

肇事機率　可望降低

傅立成指出，國內交通事故傷亡97%是因駕駛疏忽、注意力不集中或打瞌睡引起，若能把車輛變得更聰明，行車肇事機率就會降低。以目前國際上測試的幾款自動駕駛車為例，都搭載了雷達偵測、影像辨識和有超強運算能力的自動控制系統等關鍵設備，不僅能瞻前顧後、左顧右盼，還能自動判別、靈敏反應。

傅立成說，以保持車距為例，一般靠有長距離即時偵測功能的雷達來判別車距，但雷達成本比較貴，且屬於管制產品，像國內的車輛研究測試中心就改用影像辨識系統取代，價格低廉，也能發揮不錯的偵測效果。

電腦分析　預防碰撞

車輛中心研發的「前方碰撞預防系統」，是在擋風玻璃處架設一台數位攝影機，沿途拍攝前方及兩側路況，車內有電腦分析、判別動態影像，掌握路況。

沿途拍下車輛周遭的道路線、鄰近車輛及切換車道的狀況，還有行人或路面的標誌，電腦就能製作行車區域的鳥瞰圖，比對出周遭車輛的相對位置和車速，當車距小於安全範圍或偏離車道時，則發出警示，並主動煞車減速或導正，避免碰撞。

靠雙鏡頭　偵測視野

「距離愈遠，物體的影像愈小」，車輛研究測試中心研發處協理廖慶秋解釋，利用距離和影像大小成反比的關係，系統可以準確算出車距；當影像可以辨識，又能算出距離，交通單位也靠它自動判斷道路流量。

然而，單一攝影機只能辨識中短距的物體，無法即時辨識遠距的路況，因此車輛中心進一步採用雙鏡頭，一台看遠、一台看近，達到前方全視野偵測，提高安全係數。

三角定位　推算距離

傅立成說，這是仿人眼呈現3D影像的做法，在擋風玻璃處左右間隔6公分各架一台遠近焦距的攝影機，拍攝2D的立體影像，進一步計算3D的距離，因「前方物體在左右鏡頭呈現的影像位置不同，利用這個差距，以三角函數就能推算物體的距離，即三角定位原理」。

廖慶秋說，自動駕駛車輛除了上述的功能，還能結合車側盲點偵測、開門警示、駕駛者狀態監控等行車輔助系統，成為完整的駕駛安全系統，不但是行車記錄器（黑盒子），未來還可把即時路況顯示在前擋風玻璃上，讓開車像開飛機般愜意。

自動駕駛的優點與爭議

安全
科技系統不帶情緒、反應靈敏，且不分心、不打瞌睡、無酒後駕駛問題，更不會超速、闖紅燈，減少車禍發生率

節能減碳
1. 系統自動控制，以最佳油耗曲線決定加速，沒有不好的駕駛習慣，省油也減少空汙
2. 由於肇事率低，車輛可以做得更輕，減少油耗、排碳

提高道路使用效率
跟車距離可以更近，道路容納量隨之提高

讓開車成為享受
不必緊繃情緒，多出駕駛的時間做想做的事，路上的喇叭聲、叫罵聲也少了

減少人事成本
靠無人駕駛車隊運送貨物，減少人力開銷

提高產業競爭力
愈可靠的自動駕駛科技系統愈有商業價值，創造產業競爭優勢

肇事責任有爭議
若自動駕駛車肇事，要歸咎駕駛人，還是科技系統製造者？

整理製表／鄭朝陽　■聯合報

完全自動駕駛指日可待

倒車入庫……按個鍵就搞定

車輛完全自動駕駛還有得等，但一個按鍵就讓車子全自動「倒車

入庫」，已能如願以償。

現在的新車透過倒車雷達、搭配攝影機，可以偵測後方障礙物，協助駕駛人路邊停車或倒車入庫。但這些設計還不夠「聰明」，車輛研發機構和車廠的調查顯示，許多女性駕駛人對路邊停車、侷限的巷道車位心存恐懼，希望擁有一套懶人停車系統，全自動偵測、代駕駛人泊車。

廖慶秋指出，幾家汽車大廠陸續在新車配備半自動的停車輔助系統，讓駕駛人在科技的輔助之下輕鬆操控，安全地倒車入庫或停進路邊停車格；車輛中心2010年發表的全自動停車系統，技術再突破，不但能在行進間自動找尋最合適的車位，還能免操控，甚至下車使用遙控器，更安全而有效率地完成停車。

這套全自動停車系統包含三種核心技術，包括雷達的超音波感測、影像辨識與動態定位系統，以及控制油門、煞車和轉向的自動控制系統。

日本舉辦愛知博覽會時，會場中的接駁車就是無人巴士。　資料來源／聯合報

自動停車技術　符合台灣需要

廖慶秋說，超音波可感測空間，當車速在20公里以下時，車子側面的超音波和影像辨識系統可導引駕駛人尋找停車空間，不論有無畫

線的停車位，只要空間足夠，都能列入備選車位。駕駛人從中控台的觸控螢幕選定欲停入位置後，按下啓動按鈕，就可以放開雙手，不必管油門或煞車，電腦便會即時運算完美的停車路徑，自動控制車輛移動至停車位，即使是斜向停車格也適用。

廖慶秋表示，當停車路徑上突然出現障礙物（例如小孩）時，系統可即時中止停車，並在障礙物移除後繼續執行，主動避免碰撞事故發生，也是這套系統首創。

路邊停車遇到兩車之間較小的空格時，難免要前後來回幾次才能就定位，車輛中心的多迴轉（multi-turn）自動控制設計，模擬真人停車，「停車空間僅需車長的1.28倍就能停入，優於國外的1.4倍，長度全世界最短。」廖慶秋對台灣自行研發的成果引以為傲，認為相當適合台灣地狹人稠、都市空間小的道路情況，是都會停車的好幫手，預計2011年搭載在國產智慧車上服役。

影像辨識門檻低 但有侷限

植入雷達……防撞偵測更優

自動駕駛的研發技術，電腦運算能力和自動控制系統是主要核心，而車輛前方的偵測到底用雷達好，還是異軍突起的影像辨識系統？專家認為，兩者各有優勢，以目前的技術，「最好植入雷達，自動駕駛更放心。」

台大電機系教授傅立成說，都會之間高速行駛的路況相形簡單，較適合自動駕駛，反之，都會區十字路口多、闖紅燈等異常狀況也多，需要駕駛人介入處理的機率也較頻繁。

但不管是哪一種路況，前方路況即時且精確的偵測才是王道，這就得考慮偵測系統的可靠度。

廖慶秋說，影像辨識的優點是影像資訊豐富、價格低與技術成熟，並可進一步應用於障礙物辨識，不必經過第二道辨識處理程序，用起來較直觀，台灣廠商進入的門檻也低；反觀（毫米波或雷射）雷達的技術門檻高，價格也很高貴。

傅立成認為，影像仍有侷限性，雨天、黑夜的天候，即使用紅外線技術拍攝影像，清晰度、辨識度都有疑慮；雷達發射的電磁波比可見光強，偵測障礙物不受環境和天候影響，不易失效，目前來說是很可靠的技術，若要發展自動駕駛，雷達偵測還是首選。

必學單字大閱兵

lane departure 車道偏離
stereo vision 立體影像
forward collision avoidance 前方防撞
autopilot（autodriving）自動駕駛
obstacle detection 障礙偵測

國家圖書館預行編目資料

新聞中的科學6：指考滿分跳板／聯合報教育版策劃撰文. --初版. --臺北市：寶瓶文化, 2011. 08
面； 公分. --(catcher ; 45)
ISBN 978-986-6249-57-0 (平裝)

1. 科學 2. 通俗作品
307 100014435

catcher 045

新聞中的科學6——指考滿分跳板

策劃撰文／聯合報教育版

發行人／張寶琴
社長兼總編輯／朱亞君
主編／張純玲・簡伊玲
編輯／賴逸娟・禹鐘月
美術主編／林慧雯
校對／賴逸娟・陳佩伶・呂佳真
企劃副理／蘇靜玲
業務經理／盧金城
財務主任／歐素琪 業務助理／林裕翔
出版者／寶瓶文化事業有限公司
地址／台北市110信義區基隆路一段180號8樓
電話／(02)27494988 傳真／(02)27495072
郵政劃撥／19446403 寶瓶文化事業有限公司
印刷廠／世和印製企業有限公司
總經銷／大和書報圖書股份有限公司 電話／(02)89902588
地址／台北縣五股工業區五工五路2號 傳真／(02)22997900
E-mail／aquarius@udngroup.com

法律顧問／理律法律事務所陳長文律師、蔣大中律師
如有破損或裝訂錯誤，請寄回本公司更換
著作完成日期／二〇一一年六月
初版一刷日期／二〇一一年八月
初版四刷日期／二〇一一年八月十二日
ISBN／978-986-6249-57-0
定價／三三〇元

愛書人卡

感謝您熱心的為我們填寫，
對您的意見，我們會認真的加以參考，
希望寶瓶文化推出的每一本書，都能得到您的肯定與永遠的支持。

系列：catcher 045　**書名：新聞中的科學6——指考滿分跳板**

1. 姓名：____________　性別：□男　□女
2. 生日：____年____月____日
3. 教育程度：□大學以上　□大學　□專科　□高中、高職　□高中職以下
4. 職業：____________
5. 聯絡地址：________________________________
   聯絡電話：____________　手機：____________
6. E-mail信箱：________________________
   □同意　□不同意　免費獲得寶瓶文化叢書訊息
7. 購買日期：____ 年 ____ 月 ____日
8. 您得知本書的管道：□報紙／雜誌　□電視／電台　□親友介紹　□逛書店　□網路　□傳單／海報　□廣告　□其他
9. 您在哪裡買到本書：□書店，店名________　□劃撥　□現場活動　□贈書　□網路購書，網站名稱：________　□其他________
10. 對本書的建議：（請填代號　1. 滿意　2. 尚可　3. 再改進，請提供意見）
    內容：________________
    封面：________________
    編排：________________
    其他：________________
    綜合意見：________________________________
11. 希望我們未來出版哪一類的書籍：________________________

讓文字與書寫的聲音大鳴大放

寶瓶文化事業有限公司

（請沿此虛線剪下）

廣　告　回　函
北區郵政管理局登記
證北台字15345號
免貼郵票

寶瓶文化事業有限公司　收

110台北市信義區基隆路一段180號8樓

8F,180 KEELUNG RD.,SEC.1,

TAIPEI.(110)TAIWAN R.O.C.

（請沿虛線對折後寄回，謝謝）